おしい！ざんねん!! 会《あ》いたかった!!!

ああ、愛《いと》しき古生物《こせいぶつ》たち

〜無念《むねん》にも滅《ほろ》びてしまった彼《かれ》ら〜

私《わたし》たちとは、異《こと》なる時代《じだい》を生《い》き、そして絶滅《ぜつめつ》した古生物《こせいぶつ》たち。ざんねんながら、ひと目《め》見《み》ることも叶《かな》いませんでしたが、その姿《すがた》や生態《せいたい》に限《かぎ》りなく近《ちか》づくことは可能《かのう》です。過去《かこ》と現在《げんざい》をつなぐ奇跡《きせき》の古生物園《こせいぶつえん》、開園《かいえん》します！

はじめに

まずは、好《す》きな古生物《こせいぶつ》を見《み》つけよう!

あなたには「推《お》し古生物《こせいぶつ》」がいますか?

やっぱり、ティラノサウス?

それとも、アノマロカリス?

あるいは、ケナガマンモス?

すでに絶滅《ぜつめつ》し、化石《かせき》でしかその姿《すがた》を見《み》ることができない古生物たち。その姿や生態《せいたい》は謎《なぞ》に満《み》ちていて、多《おお》くの研究者《けんきゅうしゃ》が、その謎に魅《み》せられ、日夜《にちや》、その解明《かいめい》に挑《いど》んでいます。


この本《ほん》は、たくさんの古生物の中《なか》から選抜《せんばつ》した１２０種類《しゅるい》の動物《どうぶつ》たちを紹介《しょうかい》しています。研究《けんきゅう》の進展《しんてん》によってわかってきた姿。一方《いっぽう》で、いまだ謎の多い生態《せいたい》。その謎に挑戦《ちょうせん》する古生物学《こせいぶつがく》の楽《たの》しさの一《いっ》端《たん》をみなさんにお届《とど》けできればと思《おも》います。

一般的《いっぱんてき》な図鑑《ずかん》とは異《こと》なり、本書《ほんしょ》では時代順《じだいじゅん》、あるいは分類順《ぶんるいじゅん》では収録《しゅうろく》していません。気軽《きがる》に、ゆる～く、古生物たちの話題《わだい》について楽しんでください。気軽に楽しむ。古生物学は、それができるサイエンスでもあると思《おも》います。

本書は、地球科学可視化技術研究所《ちきゅうかがくかしかぎじゅつけんきゅうじょ》の芝原暁彦《しばはらあきひこ》さんにご監修《かんしゅう》いただきました。絶妙《ぜつみょう》なタッチのイラストは、恐竜《きょうりゅう》・古生物の造形《ぞうけい》やイラストを手掛《てが》けるＡＣＴＯＷ・徳川広和《とくがわひろかず》さんと山本彩乃《やまもとあやの》さんです。編集《へんしゅう》は、伊勢出版《いせしゅっぱん》の伊勢新九朗《いせしんくろう》さん、笠倉出版社《かさくらしゅっぱんしゃ》の新居美由紀《にいみゆき》さん、デザインは若狭陽一《わかさよういち》さん、加藤祐生《かとうゆうき》さんという陣容《じんよう》でお贈《おく》りします。そして、ぜひ、読後《どくご》までにはご自分《じぶん》の「推し古生物」を見《み》つけてみてください。

Love

2018年《ねん》9月《がつ》　土屋《つちや》　健《けん》

目次《もくじ》

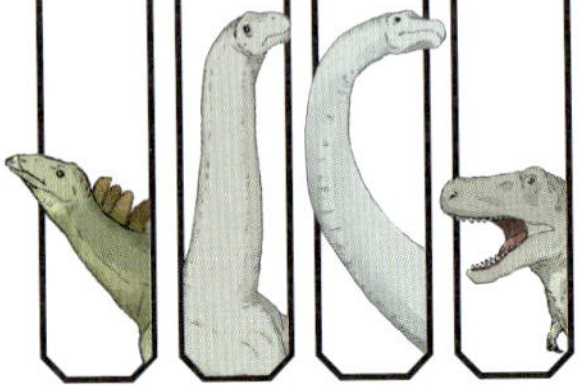

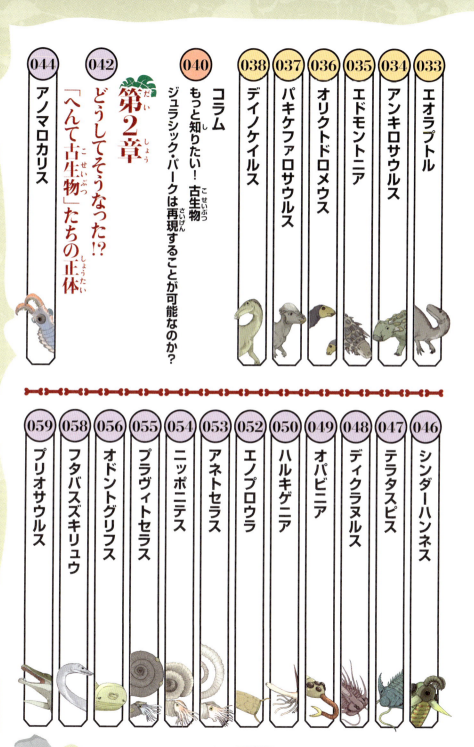

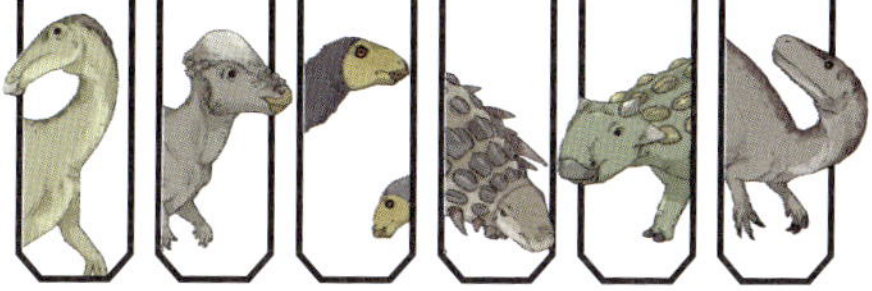

第《だい》2章《しょう》

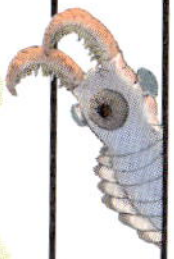

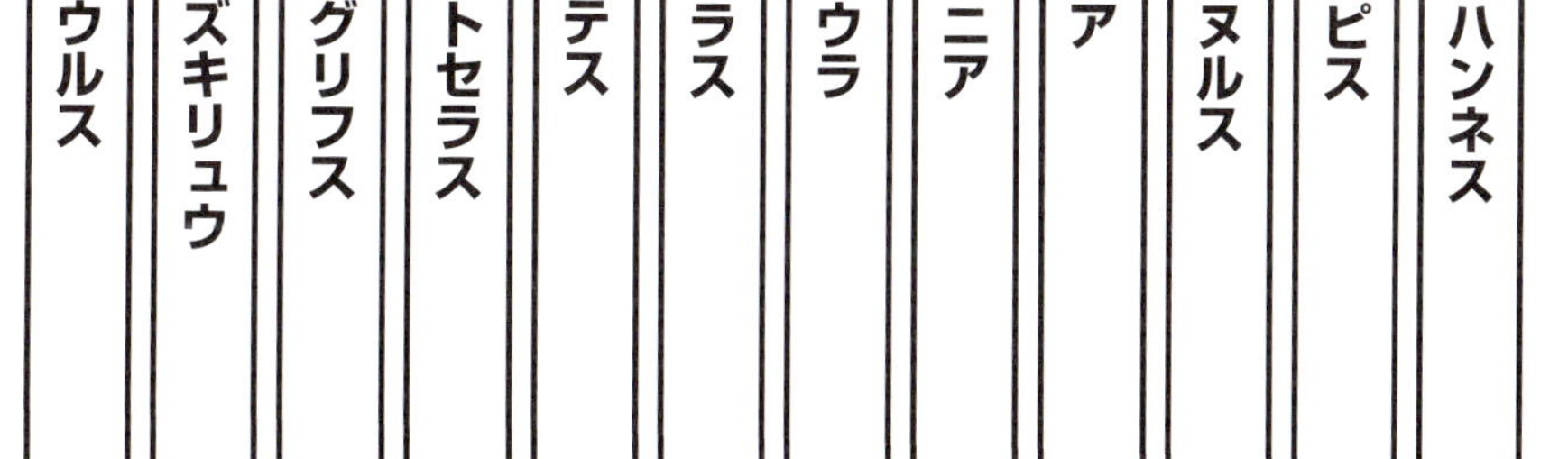

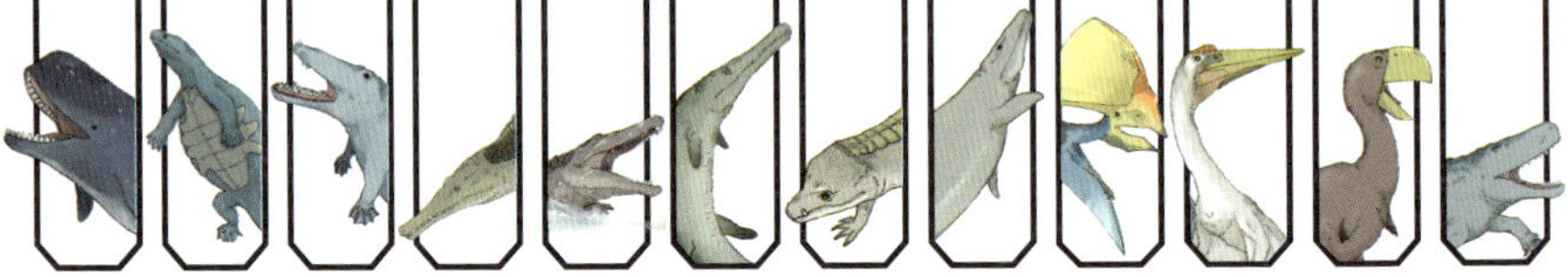

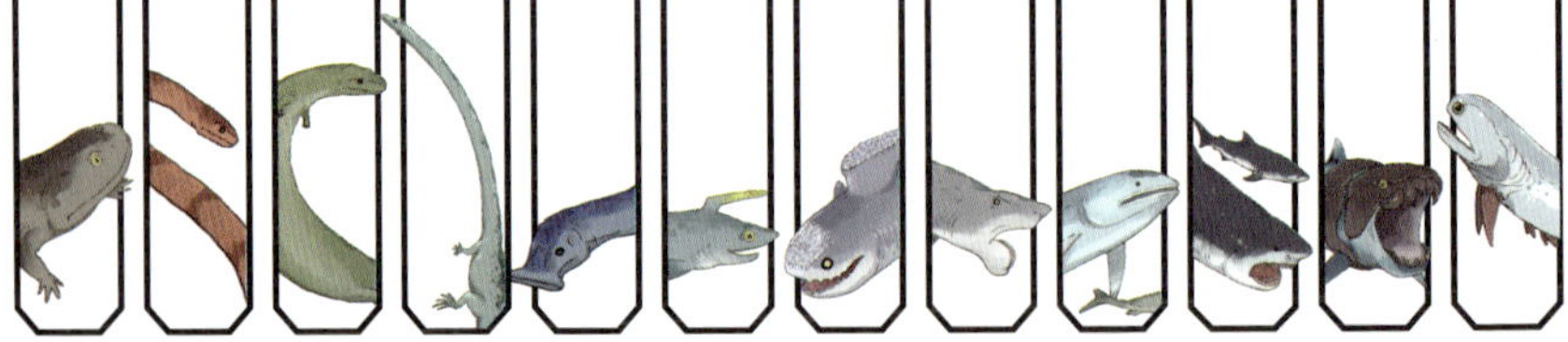

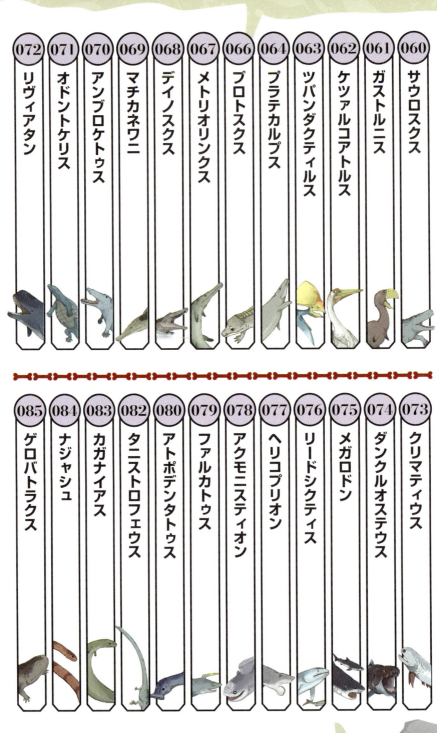

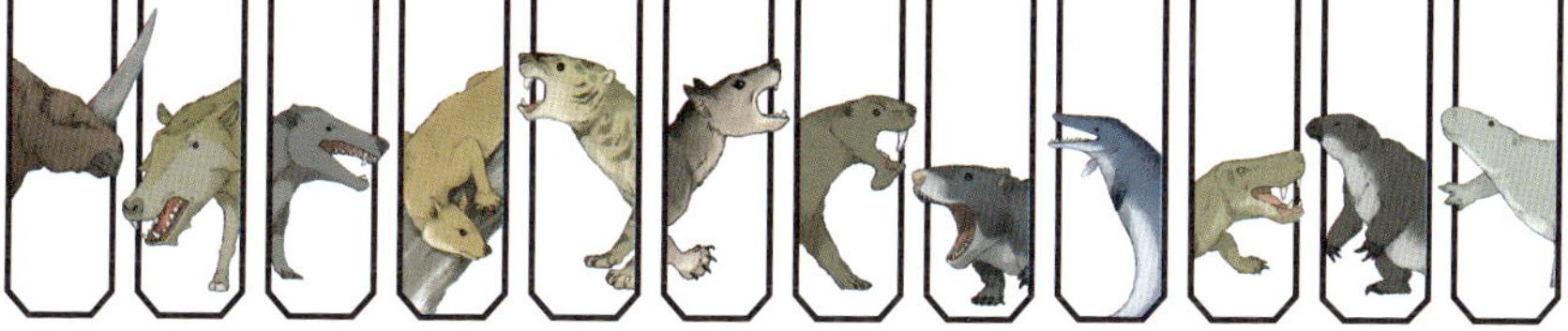

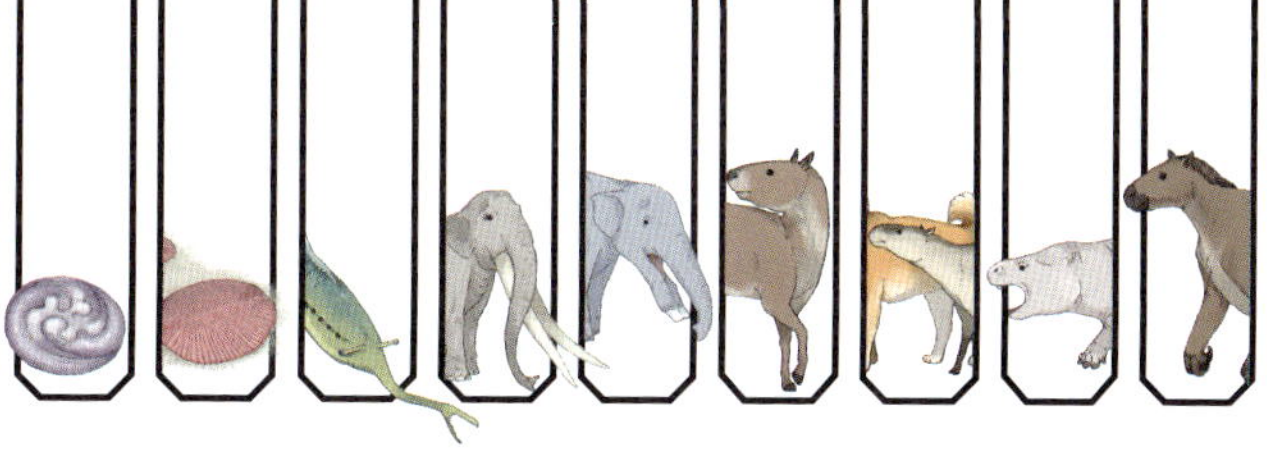

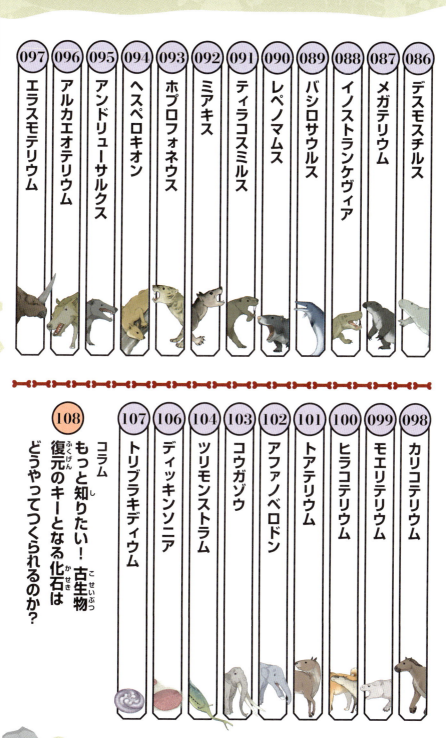

[サイズ表記《ひょうき》について]

本書《ほんしょ》は、小学校低学年《しょうがくこうていがくねん》でも読《よ》めるよう、漢字《かんじ》にはルビをふっていますが、サイズ表記《ひょうき》にかんしてはルビをふっていません。「cm」は「センチメートル」、「m」は「メートル」、「t」はトンと読《よ》みます。

古生物《こせいぶつ》たちが生《い》きた時代《じだい》

～進化《しんか》の足跡《あしあと》を辿《たど》ってみよう～

本書《ほんしょ》では、多種多様《たしゅたよう》な愛《いと》しい古生物《こせいぶつ》たちを選抜《せんばつ》していますので、登場《とうじょう》する古生物たちを時代《じだい》別《べつ》にはカテゴライズはしていません。ですので、どの時代に生《い》きていたのかが気《き》になる方《かた》は、各《かく》古生物のデータに記載《きさい》された時代とこちらの表《ひょう》を照《て》らし合《あ》わしてみて下《くだ》さい。

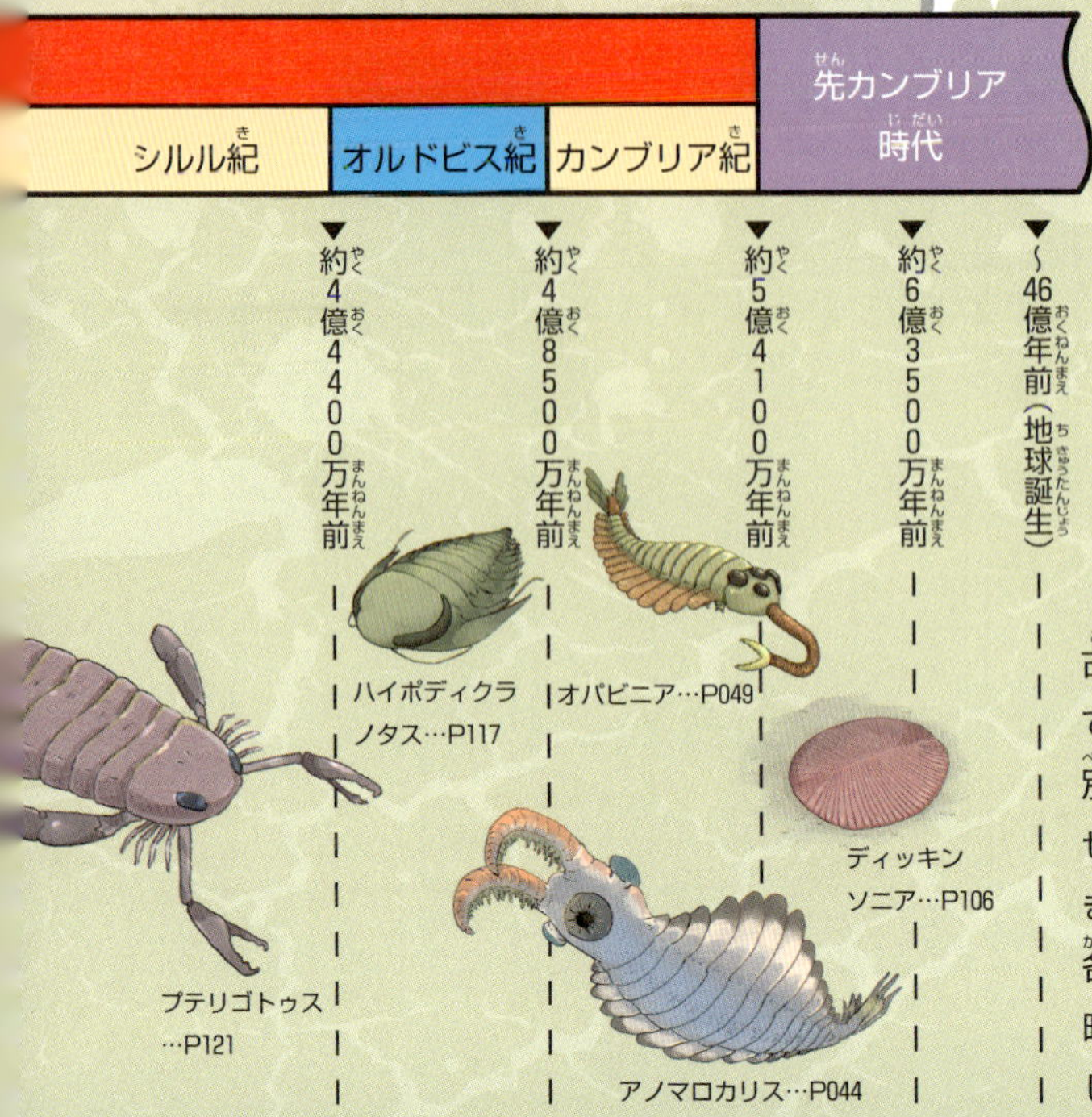

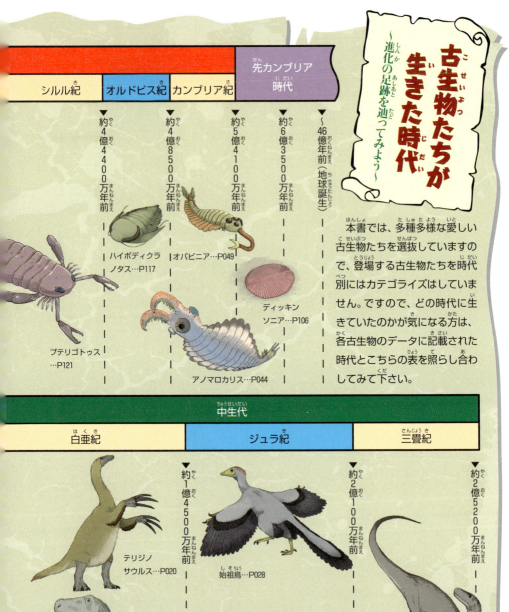

古生代《こせいだい》

ペルム紀《き》	石炭紀《せきたんき》	デボン紀《き》	

▼約《やく》2億《おく》9900万年前《まんねんまえ》

▼約《やく》3億《おく》5900万年前《まんねんまえ》

▼約《やく》4億《おく》1900万年前《まんねんまえ》

ディメトロドン…P122

ファルカトゥス…P079

アカントステガ…P128

ダンクルオステウス…P074

新生代《しんせいだい》

第四紀《だいよんき》	新第三紀《しんだいさんき》	古第三紀《こだいさんき》	

▼現在《げんざい》

▼約《やく》258万年前《まんねんまえ》

▼約《やく》2300万年前《まんねんまえ》

▼約《やく》6600万年前《まんねんまえ》

メガテリウム…P087

デスモスチルス…P086

ミアキス…P092

ケナガマンモス…P140

メガロドン…P075

第《だい》1章《しょう》

＼会《あ》いたかった！／

愛《あい》すべき恐竜《きょうりゅう》たちの素顔《すがお》

もし、仮《かり》に「恐竜総選挙《きょうりゅうそうせんきょ》」
のようなものがあれば、
絶対選《ぜったいえら》ばれるであろうと
予測《よそく》できる恐竜たちをご紹介《しょうかい》!
彼《かれ》らの真《しん》の姿《すがた》を
あなたは知《し》っていますか?

こう見《み》えて、じつは、かわいいところがあるんです。

ティラノサウルスについての最近《さいきん》のホットな話題《わだい》の1つは、この恐竜《きょうりゅう》が「モフモフの羽毛《うもう》で覆《おお》われていたのか」というものです。「恐竜図鑑《きょうりゅうずかん》」には、羽毛で覆われた恐竜がたくさん載《の》っています。しかし、じつは、羽毛が発見《はっけん》されている恐竜化石《きょうりゅうかせき》はとても少《すく》ないのです。

では、なぜ、羽毛が描《えが》かれているのかといえば、そもそも羽毛は骨《ほね》よりも化石に残《のこ》りにくいため、「見《み》つかっていない＝羽毛がない」とはいえないからです。そこで、近縁種《きんえんしゅ》に羽毛があれば、その恐竜も羽毛があったと考《かんが》えられるようになりました。

ティラノサウルスもアジアの近縁種（29ページ）に羽毛があったことから、ティラノサウルス自身《じしん》も羽毛

ティラノサウルス

肉食恐竜《にくしょくきょうりゅう》の代表格《だいひょうかく》。生命史上最大級《せいめいしじょうさいだいきゅう》の陸上肉食動物《りくじょうにくしょくどうぶつ》であり、優《すぐ》れた狩人《かりゅうど》でもあるこの恐《きょう》竜《りゅう》は、「超肉食恐竜《ちょうにくしょくきょうりゅう》」と呼《よ》ばれることもある。

- **名前《なまえ》**：ティラノサウルス
- **学名《がくめい》**：*Tyrannosaurus*
- **全長《ぜんちょう》**：12m
- **化石《かせき》の産地《さんち》**：アメリカ、カナダ
- **生《い》きていた時代《じだい》**：中生代白亜紀《ちゅうせいだいはくあき》
- **分類《ぶんるい》**：竜盤類《りゅうばんるい》 獣脚類《じゅうきゃくるい》 ティラノサウルス類《るい》

モフモフか否《いな》かそれが問題《もんだい》だ!

をもつとみられるようになったのです。

しかし、2017年《ねん》にティラノサウルスの「ウロコの化石」が報告《ほうこく》されました。羽毛はウロコが変化《へんか》してできたものと考えられています。つまり、羽毛がないということは、ウロコがあるということになります。この研究《けんきゅう》では、ティラノサウルスの全身《ぜんしん》はウロコで覆われていて、羽毛はあったとしても、ほんの一部《いちぶ》だったと指摘《してき》されました。

豆知識《まめちしき》

噛《か》む力《ちから》は現生《げんせい》のアリゲーターの8倍以上《ばいいじょう》もあり、獲《え》物《もの》を骨《ほね》ごと噛み砕《くだ》くことができました。嗅覚《きゅうかく》にも優《すぐ》れ、物陰《ものかげ》に潜《ひそ》む獲物《えもの》もキャッチすることができたようです。

ワクワクこぼれ噺《はなし》：2本指《ほんゆび》の小《ちい》さな前脚《まえあし》の役割《やくわり》はよくわかっていません。

パタゴティタン

2017年《ねん》に報告《ほうこく》された巨大恐竜《きょだいきょうりゅう》で、「史上最大級《しじょうさいだいきゅう》」と呼《よ》ばれている種《しゅ》の1つ。「最大《さいだい》」であることには、大《おお》きな謎《なぞ》がついてくる。

- **名前《なまえ》**：パタゴティタン
- **学名《がくめい》**：*Patagotitan*
- **全長《ぜんちょう》**：37m
- **化石《かせき》の産地《さんち》**：アルゼンチン
- **生《い》きていた時代《じだい》**：中生代白亜紀《ちゅうせいだいはあくき》
- **分類《ぶんるい》**：竜盤類《りゅうばんるい》 竜脚形類《りゅうきゃくけいるい》 竜脚類《りゅうきゃくるい》

〝史上最大《しじょうさいだい》〟は体温《たいおん》も高《たか》い！生《い》きてるだけでオーバーヒート？

あ、暑《あつ》い……
とにかく暑《あつ》い!!

知《し》られている限《かぎ》り、史上最大級《しじょうさいだいきゅう》の恐竜類《きょうりゅうるい》です。全長《ぜんちょう》37ｍという、とてつもない巨体《きょたい》を誇《ほこ》ります。日本《にほん》の道《どう》路《ろ》を走《はし》る「大型《おおがた》バス」の長《なが》さが約《やく》11ｍですから、大型バスを3台並《だいなら》べてもまだこの恐竜の方《ほう》が長いということになります。

自然界《しぜんかい》では、〝大《おお》きいことは強《つよ》いこと〟です。パタゴティタン自体《じたい》は植物食《しょくぶつしょく》なので他種《たしゅ》を襲《おそ》うことはなかったでしょうが、これほど大型となれば、そうやすやすと肉食動物《にくしょくどうぶつ》に襲われることもなかったでしょう。

問題《もんだい》は体重《たいじゅう》です。じつに69ｔに達《たっ》したと見積《みつ》もられています。

からだが大きな動物《どうぶつ》ほど体温《たいおん》を放《ほう》出《しゅつ》できず、体内《たいない》に熱《ねつ》がこもります。2008年《ねん》に発表《はっぴょう》された研究《けんきゅう》では、55ｔの体重をもつ恐竜でさえ、体温が48℃になったとされます。

一般《いっぱん》に動物は45℃を超《こ》えると、からだをつくる組織《そしき》が耐《た》えられなくなるといわれています。55ｔの恐竜でさえ、その限界《げんかい》を少《すこ》し超《こ》えていたのです。69ｔのパタゴティタンは、常《つね》にオーバーヒート状態《じょうたい》にあったことになるでしょう。

そんな状態で、どのように生《い》きていたのか……これは、巨大恐竜《きょだいきょうりゅう》をめぐる大きな謎《なぞ》なのです。

豆知識《まめちしき》

いわゆる「最大級」の恐竜は、パタゴティタンとほぼ同《おな》じサイズの種類《しゅるい》が、アメリカや中国《ちゅうごく》からも見《み》つかっています。

ワクワクこぼれ噺《はなし》： 発見当初《とうしょ》は、「40ｍの恐竜」と報道《ほうどう》されました。

え? そういう名前《なまえ》だっけ? かつての「ブロントサウルス」

アパトサウルス

- **名前《なまえ》**:アパトサウルス
- **全長《ぜんちょう》**:23m
- **生《い》きていた時代《じだい》**:中生代《ちゅうせいだい》ジュラ紀《き》
- **学名《がくめい》**:*Apatosaurus*
- **化石《かせき》の産地《さんち》**:アメリカ
- **分類《ぶんるい》**:竜盤類《りゅうばんるい》 竜脚形類《りゅうきゃくけいるい》 竜脚類《りゅうきゃくるい》

〝昭和《しょうわ》の時代《じだい》〟には、「ブロントサウルス(***Brontosaurus***)」と呼《よ》ばれていました。「***Brontosaurus***」は「カミナリリュウ」という意味《いみ》で、大《おお》きなからだにぴったりのネーミングでした。こちらの名前《なまえ》で覚《おぼ》えていた世《せ》代《だい》の人々《ひとびと》も多《おお》いでしょう。

研究《けんきゅう》の進展《しんてん》で、ブロントサウルスはアパトサウルスと同種《どうしゅ》ということが明《あき》らかになりました。こうした場《ば》合《あい》、先《さき》に名付《なづ》けられていた方《ほう》に名前は統一《とういつ》されます。アパトサウルスの方《ほう》が2年《ねん》ほど先に命名《めいめい》されていたため、その名《な》がこの恐竜《きょうりゅう》の名前として採用《さいよう》されてました。

ただし、近年《きんねん》になって、やはり両《りょう》種《しゅ》は別種《べっしゅ》だったという指摘《してき》もあります。

ワクワクこぼれ噺《はなし》:「アパトサウルス」は、「惑《まど》わせるトカゲ」という意味です。

顎《あご》はヒトより弱《よわ》いけど 尾《お》のトゲで攻撃《こうげき》もしてた!?

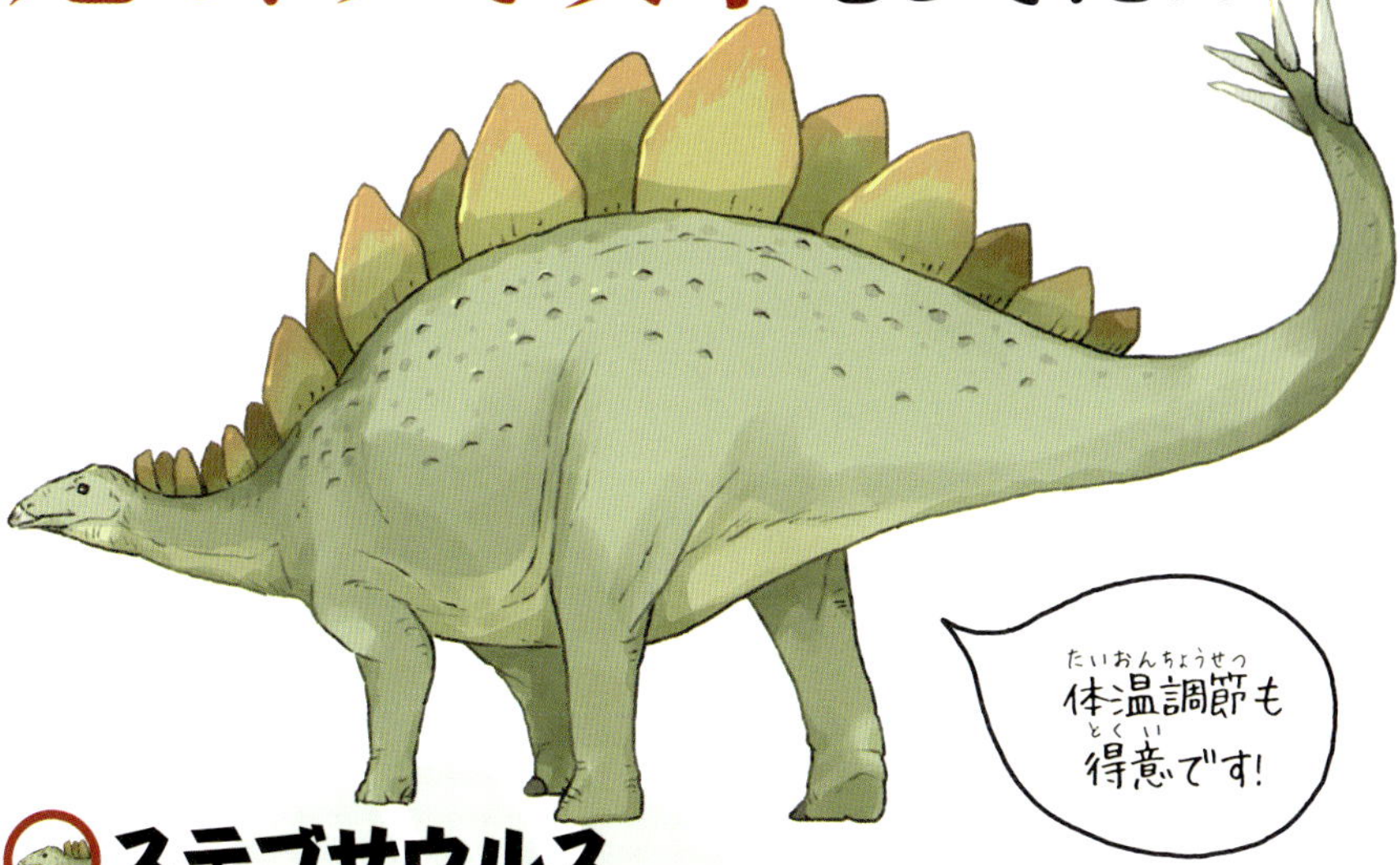

ステゴサウルス

- **名前《なまえ》**：ステゴサウルス
- **全長《ぜんちょう》**：6.5m
- **生《い》きていた時代《じだい》**：中生代《ちゅうせいだい》ジュラ紀《き》
- **学名《がくめい》**：*Stegosaurus*
- **化石《かせき》の産地《さんち》**：アメリカ、ポルトガル、ロシア
- **分類《ぶんるい》**：鳥盤類《ちょうばんるい》 装盾類《そうじゅんるい》 剣竜類《けんりゅうるい》

「剣竜類《けんりゅうるい》」という植物食恐竜《しょくぶつしょくきょうりゅう》のグループの代表種《だいひょうしゅ》で、背中《せなか》に2列《れつ》になって並《なら》ぶ骨《ほね》の板《いた》がトレードマークです。骨板《こつばん》の表面《ひょうめん》には細《こま》かな血管《けっかん》が走《はし》り、そして、骨の内部《ないぶ》へとつながっていました。そのため、骨板を日光《にっこう》に当《あ》てることで血液《けつえき》を温《あたた》めることができ、また、日影《ひかげ》で風《かぜ》にさらすことで血液を冷《さ》ますことができました。つまり、骨板を活用《かつよう》することで、効《こう》率的《りつてき》な体温調節《たいおんちょうせつ》ができたのです。

尾《お》のトゲもハッタリではありません。中身《なかみ》はみっちりと骨が詰《つ》まっていて、頑丈《がんじょう》でした。武器《ぶき》として十分《じゅうぶん》な硬《かた》さがあり、実際《じっさい》にアロサウルス（24ページ）の腰《こし》の骨の化石《かせき》には、このトゲで攻撃《こうげき》を受《う》け、貫《つらぬ》かれた痕《こん》跡《せき》のあるものが見《み》つかっています。

ワクワクこぼれ噺《はなし》：顎《あご》の力《ちから》はとても弱《よわ》く、ヒトの3分《ぶん》の1程度《ていど》でした。

生物界でもっとも長い爪!? でも使い道がわからねぇ!!

「ネイルに注目ヨ!」

テリジノサウルス

- **名前**：テリジノサウルス
- **全長**：7.5m
- **生きていた時代**：中生代白亜紀
- **学名**：Therizinosaurus
- **化石の産地**：モンゴル
- **分類**：竜盤類 獣脚類

その骨化石を見ると、70cmもの長い爪をもっていました。骨の爪の先には、化石には残らないケラチン質の爪（毎日少しずつ伸びる、いわゆる「爪」です）があったはずですから、全体の爪の長さは1m近くになっていたかもしれません。おそらく古今東西で、もっとも爪の長い動物です。

しかし、この長い爪の役割が、よくわかっていません。じつは鋭さがまるでなく、"長いだけ"の爪なのです。

テリジノサウルスは植物食性とみられていますから、攻撃に使うことはありませんし、また、使う理由も見当たりません。この爪は、テリジノサウルスの大きな謎なのです。

ワクワクこぼれ噺：でっぷりしたお腹の中には、長い腸があったとみられています。

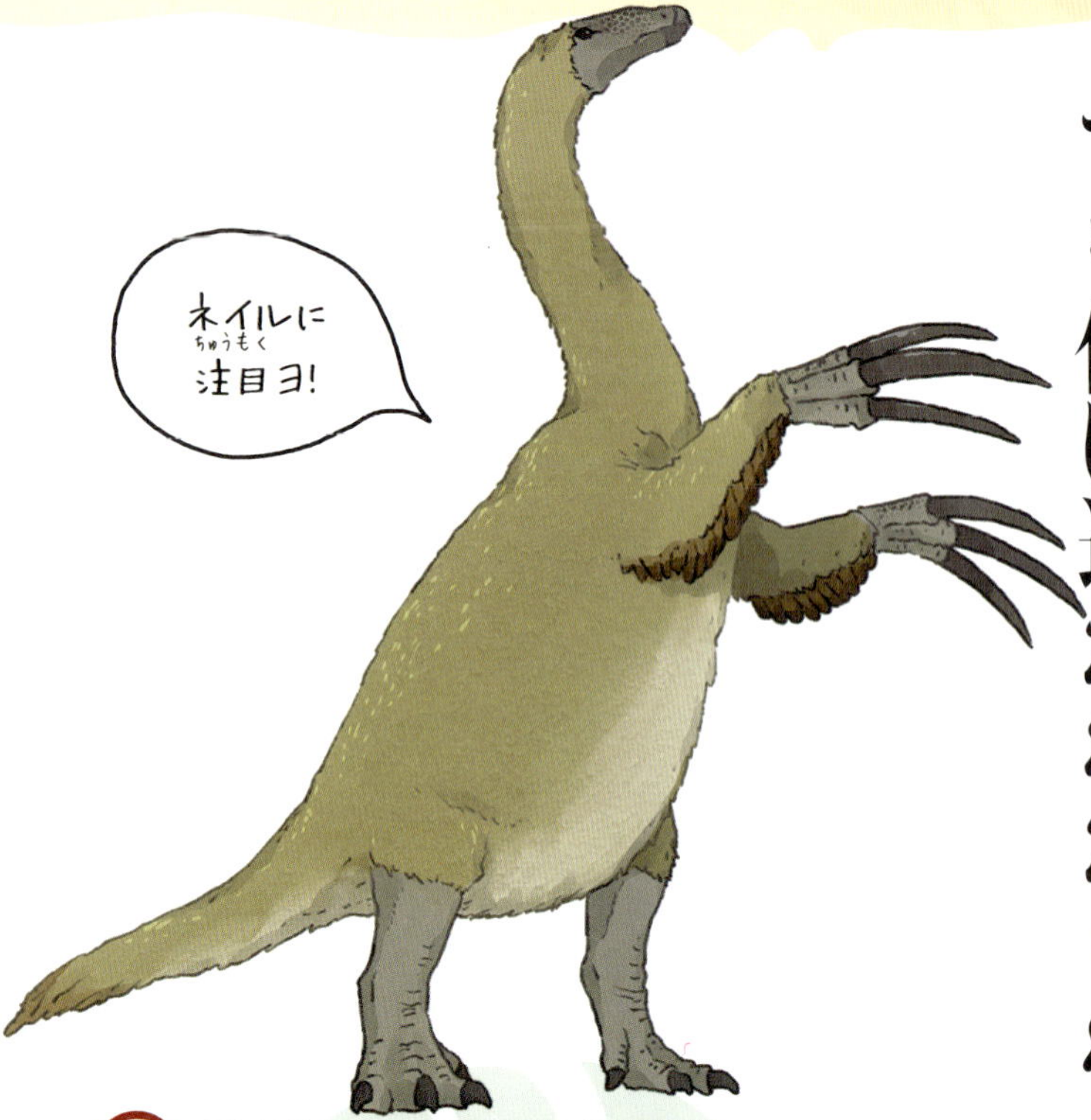

翼獲得《つばさかくとく》で求愛《プロポーズ》!?
そして、愛《あい》の浪漫飛行《ろまんひこう》へ……

オルニトミムス

- **名前《なまえ》**：オルニトミムス
- **全長《ぜんちょう》**：3.5m
- **生《い》きていた時代《じだい》**：中生代白亜紀《ちゅうせいだいはくあき》
- **学名《がくめい》**：*Ornithomimus*
- **化石《かせき》の産地《さんち》**：アメリカ、カナダ
- **分類《ぶんるい》**：竜盤類《りゅうばんるい》 獣脚類《じゅうきゃくるい》 オルニトミモサウルス類《るい》

「ダチョウ恐竜《きょうりゅう》」と呼《よ》ばれる、現生《げんせい》のダチョウに似《に》た姿《すがた》をした恐竜たちの1つです。成体《せいたい》は腕《うで》に翼《つばさ》をもっていました。

翼をもってはいましたが、どう考《かんが》えても飛翔《ひしょう》向《む》きのからだではありません。また、幼体《ようたい》には翼がなかったこともわかっています。こうした理由などから、この翼は「求愛《きゅうあい》のため」だったと指摘《してき》されています。

翼をもつ恐竜はいくつか確認《かくにん》されています。こうした翼のある恐竜の中《なか》で、オルニトミムスは〝原始的《げんしてき》な存在《そんざい》〟とされています。そのため、恐竜類《きょうりゅうるい》の翼は、もともと飛翔のためではなく、求愛のために発達《はったつ》したと考《かんが》えられています。愛《あい》を告《つ》げるのに役立《やくだ》ったというわけです。

ワクワクこぼれ噺《はなし》：オルニトミモサウルス類は、基本的《きほんてき》に植物食だったようです。

史《し》上《じょう》最大《さいだい》の肉食恐竜《にくしょくきょうりゅう》は四足歩行《しそくほこう》で水中《すいちゅう》暮《ぐ》らし？

スピノサウルスは、史上最大《しじょうさいだい》の肉《にく》食恐竜《しょくきょうりゅう》とされています。もっとも、「肉食《にくしょく》」とはいっても、その主食《しゅしょく》は魚《さかな》でした。細《ほそ》い口先《くちさき》と円錐形《えんすいけい》の歯《は》は、噛《か》み砕《くだ》くことや切《き》り裂《さ》くことには不《ふ》向《む》きで、水中《すいちゅう》を泳《およ》ぐ魚を刺《さ》して、ひと飲《の》みする捕食《ほしょく》に向《む》いていたのです。

魚食《ぎょしょく》とはいえ、「史上最大の肉食恐竜」の栄誉《えいよ》をもつ恐竜《きょうりゅう》ですが、大《おお》きな謎《なぞ》があります。じつは、全身像《ぜんしんぞう》がよくわかっていないのです。

最初《さいしょ》に発見《はっけん》され、この恐竜の特徴《とくちょう》をもっともよく残《のこ》していた化石標本《かせきひょうほん》が、第《だい》2次世界大戦中《じせかいたいせんちゅう》に爆撃《ばくげき》を受《う》けて粉々《こなごな》になっています。その後《ご》、新《あら》たにいくつかの化石は見《み》つかっていますが、〝最初の標本〟ほど良《よ》いものではありません。そのため、復元《ふくげん》

スピノサウルス

背中《せなか》の帆《ほ》がトレードマークの肉食恐竜《にくしょくきょうりゅう》。肉食恐竜としては、ティラノサウルスを上回《うわまわ》る巨体《きょたい》をもち、知《し》られている限《かぎ》り最大《さいだい》。

- **名前《なまえ》**：スピノサウルス
- **全長《ぜんちょう》**：15m
- **生《い》きていた時代《じだい》**：中生代白亜紀《ちゅうせいだいはくあくき》
- **学名《がくめい》**：*Spinosaurus*
- **化石《かせき》の産地《さんち》**：エジプト、モロッコ、チュニジアほか
- **分類《ぶんるい》**：竜盤類《りゅうばんるい》 獣脚類《じゅうきゃくるい》

のための情報《じょうほう》が不足《ふそく》しているのです。

　2014年《ねん》になって、コンピューターを使《つか》った復元図《ふくげんず》が発表《はっぴょう》されました。最初の化石に関《かん》する論文《ろんぶん》、その後に発見されたいくつかの部分《ぶぶん》化石、近縁種《きんえんしゅ》のデータをコンピューター内《ない》で組《く》み合《あ》わせることで、後《うし》ろ脚《あし》が短《みじか》く、前脚《まえあし》が長《なが》いという独特《どくとく》の姿《すがた》が復元されました。肉食恐竜では珍《めずら》しい“短足《たんそく》”です。この研究《けんきゅう》ではさらに、生活《せいかつ》の主体《しゅたい》は陸上《りくじょう》ではなく、水中だったのではないか、とされています。

豆知識《まめちしき》

後ろ脚が短すぎることもあり、陸上では四足歩行《しそくほこう》をしていたとみられています。肉食恐竜の多《おお》くは二足歩行《にそくほこう》なので、これはとても珍しい特徴です。

ワクワクこぼれ噺《はなし》：帆《ほ》には特別《とくべつ》な機能《きのう》はなかったとみられています。

獲物《えもの》を追《お》って底《そこ》なし沼《ぬま》へ？
匂《にお》いにつられて大量死《たいりょうし》

アロサウルス

- **名前《なまえ》**：アロサウルス
- **全長《ぜんちょう》**：8.5m
- **生《い》きていた時代《じだい》**：中生代《ちゅうせいだい》ジュラ紀《き》〜白亜紀《はくあき》？
- **学名《がくめい》**：*Allosaurus*
- **化石《かせき》の産地《さんち》**：アメリカ、ポルトガル、フランス
- **分類《ぶんるい》**：竜盤類《りゅうばんるい》 獣脚類《じゅうきゃくるい》

ある化石産地《かせきさんち》で、この恐竜《きょうりゅう》の化石《かせき》が大量《たいりょう》に見《み》つかっています。一般的《いっぱんてき》な生態系《せいたいけい》では、大型《おおがた》の肉食動物《にくしょくどうぶつ》は数《かず》が少《すく》ないはずです。そうでなければ、獲《え》物《もの》が食《た》べ尽《つ》くされてしまうからです。しかし、その化石産地では、この肉食《にくしょく》恐竜《きょうりゅう》の化石が異様《いよう》なまでに多《おお》いのです。

この謎《なぞ》に対《たい》する仮説《かせつ》として、かつてそこは〝底《そこ》なし沼《ぬま》〟だったという説《せつ》があります。そんな沼に、まず少数《しょうすう》の恐竜が踏《ふ》み込《こ》んで、動《うご》けなくなった。その恐竜を〝狩《か》りやすい獲物《えもの》〟とみたアロサウルスがやってきて、自《じ》分《ぶん》も沼にはまった。そのアロサウルスが死《し》に、その腐敗臭《ふはいしゅう》に誘《さそ》われて、また新《あら》たなアロサウルスが……。ミイラ取《と》りがミイラになった結果《けっか》が大量の化石というわけです。

ワクワクこぼれ噺《はなし》：ティラノサウルス類《るい》と比《くら》べると、全体的《ぜんたいてき》に細身《ほそみ》です。

恐竜《きょうりゅう》の足跡《あしあと》にハマってさあ、たいへん！

グアンロン

- 名前《なまえ》：グアンロン
- 全長《ぜんちょう》：3.5m
- 生《い》きていた時代《じだい》：中生代《ちゅうせいだい》ジュラ紀《き》
- 学名《がくめい》：*Guanlong*
- 化石《かせき》の産地《さんち》：中国《ちゅうごく》
- 分類《ぶんるい》：竜盤類《りゅうばん》 獣脚類《じゅうきゃく》 ティラノサウルス類《るい》

グアンロンは、厚《あつ》みのないトサカが目印《めじるし》の小型《こがた》の肉食恐竜です。「ティラノサウルス類《るい》」と呼《よ》ばれるグループに属《ぞく》していて、同《おな》じグループでは、8000万年《まんねん》ほどのちに、有名《ゆうめい》なティラノリウルス（14ページ）が出《しゅつ》現《げん》します。

グアンロンの化石は、巨大《きょだい》な恐竜が残《のこ》した足跡《あしあと》の中《なか》から見つかりました。その足跡の深《ふか》さは1m以上《いじょう》。当時《とうじ》、足跡には火山灰《かざんばい》まじりの泥水《どろみず》がたまっていたようです。

足を滑《すべ》らせたのか、それともそれほど深《ふか》くないと思《おも》って踏み込んだのかはわかりませんが、泥水のたまる足跡に落《お》ちてしまい、死《し》を迎《むか》えたことがわかっています。なんとも不運《ふうん》な恐竜です。

ワクワクこぼれ噺《ばなし》： 同じ足跡には、ほかにも小型の恐竜の化石が3体《たい》ハマっていました。

「白亜紀《はくあき》のウシ」と呼《よ》ばれる植物食恐竜《しょくぶつしょくきょうりゅう》

エドモントサウルス

- **名前《なまえ》**：エドモントサウルス
- **全長《ぜんちょう》**：9m
- **生《い》きていた時代《じだい》**：中生代白亜紀《ちゅうせいだいはくあき》
- **学名《がくめい》**：*Edomontosaurus*
- **化石《かせき》の産地《さんち》**：カナダ、アメリカ
- **分類《ぶんるい》**：鳥盤類《ちょうばんるい》 鳥脚類《ちょうきゃくるい》

現生《げんせい》のウシの仲間《なかま》の歯《は》は、4種類《しゅるい》の組織《そしき》でできています。組織によって硬《かた》さが違《ちが》うため、使《つか》っているうちに硬さに応《おう》じた凹凸《おうとつ》ができます。この凹凸が植物《しょくぶつ》をすりつぶして食《た》べる際《さい》に、とても役立《やくだ》つのです。

一方《いっぽう》、多《おお》くの爬虫類《はちゅうるい》（恐竜類《きょうりゅうるい》を含《ふく》む）の歯は、2種類の組織しかありません。いかにウシが優《すぐ》れた植物食《しょくぶつしょく》動物《どうぶつ》かがわかるでしょう。

エドモントサウルスは、そうした“爬虫類の常識《じょうしき》”の外《そと》にありました。その歯の組織数《そしきすう》は6種類で、ウシの組織数を超《こ》えていたのです。歯の組織数に注目《ちゅうもく》すれば、ウシ以上《いじょう》のハイスペックな植物食者《しょくぶつしょくしゃ》だったのです。このことから「白亜紀《はくあき》のウシ」という2つ名《な》をもっています。

ワクワクこぼれ噺《はなし》：ウシのように、咀嚼《そしゃく》のできる顎《あご》ももっていました。

まさかのミュージシャン!? ツノで奏《かな》でる旋律《せんりつ》とは?

パラサウロロフス

- **名前《なまえ》**:パラサウロロフス
- **全長《ぜんちょう》**:7.5m
- **生《い》きていた時代《じだい》**:中生代白亜紀《ちゅうせいだいはくあき》
- **学名《がくめい》**:*Parasaurolophus*
- **化石《かせき》の産地《さんち》**:アメリカ、カナダ
- **分類《ぶんるい》**:鳥盤類《ちょうばんるい》 鳥脚類《ちょうきゃくるい》 ハドロサウルス類《るい》

恐竜《きょうりゅう》の鳴《な》き声《ごえ》がどのようなものだったのか? これは昔《むかし》から多《おお》くの人々《ひとびと》が抱《いだ》く疑問《ぎもん》でした。しかし、実《じっ》際《さい》のところ、誰《だれ》もその声を聞《き》いたことはありません。

厳密《げんみつ》に言《い》えば、鳴き声ではありませんが、管楽器《かんがっき》のオーボエのような音《おと》を出《だ》すことができたとされるのが、パラサウロロフスです。トレードマークのツノは内部《ないぶ》が空洞《くうどう》になっていて、ここに空気《くうき》を通《とお》すことで、遠《えん》方《ぼう》まで届《とど》く低音《ていおん》を出すことができたとみられています。

しかも、この音は成長《せいちょう》にともなって変《か》わったようで、幼《おさな》いうちはもう少《すこ》し高《たか》い音だったと言われています。音の高低《こうてい》で、仲間《なかま》の成長《せいちょう》度《ど》合《あ》いを推《お》し量《はか》っていたのかもしれませんね。

ワクワクこぼれ噺《はなし》:この音は、実際に模型《もけい》をつくって実験《じっけん》・確認《かくにん》されています。

飛《と》べたか、飛《と》べないかどっち!?
抜群《ばつぐん》の知名度《ちめいど》をもつ始祖鳥《しそちょう》の謎《なぞ》

始祖鳥《しそちょう》

- **名前《なまえ》**：アーケオプテリクス
- **全長《ぜんちょう》**：50cm
- **生《い》きていた時代《じだい》**：中生代《ちゅうせいだい》ジュラ紀《き》
- **学名《がくめい》**：*Archaeopteryx*
- **化石《かせき》の産地《さんち》**：ドイツ
- **分類《ぶんるい》**：竜盤類《りゅうばんるい》 獣脚類《じゅうきゃくるい》 鳥類《ちょうるい》

いわゆる「始祖鳥《しそちょう》」と呼《よ》ばれる"有名人《ゆうめいじん》"です。この有名人をめぐる話題《わだい》の1つに、「本当《ほんとう》に飛《と》べたのか」というものがあります。

かねてより、翼《つばさ》を羽《は》ばたかせるための胸《むね》の筋肉《きんにく》が未発達《みはったつ》だったという点《てん》が注目《ちゅうもく》され、空《そら》を飛べなかった可《か》能性《のうせい》が指摘《してき》されています。肩《かた》の関節《かんせつ》も高《たか》く上《あ》がらず、力強《ちからづよ》く振《ふ》り下《お》ろすことは苦手《にがて》だったようです。

しかし、脳構造《のうこうぞう》を調《しら》べた研究《けんきゅう》では、空間把握能力《くうかんはあくのうりょく》に長《た》けていたことが指摘されています。つまり、脳《のう》のつくりは飛翔《ひしょう》に向《む》いていたのです。2018年《ねん》に発表《はっぴょう》された研究では、腕《うで》の骨《ほね》自体《じたい》は丈夫《じょうぶ》で、羽ばたきに耐《た》えることができたと報告《ほうこく》されました。

なんとも矛盾《むじゅん》する特徴《とくちょう》ばかりです。

ワクワクこぼれ噺《はなし》：その羽毛《うもう》には、黒色《くろいろ》と明《あか》るい部分《ぶぶん》があったようです。

これぞ真打《しんう》ち!
羽毛大型《うもうおおがた》ティラノサウルス類《るい》!

ユティラヌルス

- **名前**《なまえ》: ユティラヌス
- **全長**《ぜんちょう》: 9m
- **生**《い》**きていた時代**《じだい》: 中生代白亜紀《ちゅうせいだいはあくき》
- **学名**《がくめい》: *Yutyrannus*
- **化石**《かせき》**の産地**《さんち》: 中国《ちゅうごく》
- **分類**《ぶんるい》: 竜盤類《りゅうばんるい》 獣脚類《じゅうきゃくるい》 ティラノサウルス類《るい》

全身《ぜんしん》を羽毛《うもう》で覆《おお》っていた、全長《ぜんちょう》9mのティラノサウルス類《るい》です。2012年にこの恐竜《きょうりゅう》が報告されるまでは、「羽毛は小型種《こがたしゅ》だけのもの」とみられていました。羽毛のおもな役割《やくわり》は保温《ほおん》であり、大型種《おおがたしゅ》は小型種よりも体温《たいおん》が逃《に》げにくいので、羽毛はいらないと考《かんが》えられていたからです。

しかし、2012年にユティラヌスが報告されると、大型種でも羽毛をもっていた可能性が出《で》てきました。これが、のちに「ティラノサウルスにも羽毛がある」という考えにつながっていきます。ただし、ユティラヌスは、寒《さむ》い地域《ちいき》に暮《く》らしていたとみられています。大型種でも羽毛が必要《ひつよう》な地域《ちいき》だったのです。

ワクワクこぼれ噺《はなし》: 年平均気温《ねんへいきんきおん》10℃という地域で暮らしていたようです。

小学生《しょうがくせい》より軽量《けいりょう》!?
敏捷《びんしょう》No.1の狩人《かりゅうど》

ヴェロキラプトル

- **名前《なまえ》**：ヴェロキラプトル
- **全長《ぜんちょう》**：2.5m
- **生《い》きていた時代《じだい》**：中生代《ちゅうせいだい》白亜紀《はくあき》
- **学名《がくめい》**：*Velociraptor*
- **化石《かせき》の産地《さんち》**：モンゴル、中国《ちゅうごく》
- **分類《ぶんるい》**：竜盤類《りゅうばんるい》 獣脚類《じゅうきゃくるい》

　成人男性《せいじんだんせい》よりもずっと大《おお》きな全長《ぜんちょう》をもつ一方《いっぽう》で、体重《たいじゅう》はわずか25㎏。日本《にほん》の小学《しょうがく》3年生《ねんせい》よりも軽量《けいりょう》という肉食恐竜《にくしょくきょうりゅう》です。「敏捷《びんしょう》なハンター」という言葉《ことば》がよく似合《にあ》います。

　最大《さいだい》の武器《ぶき》は、後《うし》ろ脚《あし》の第《だい》2趾《し》にありました。長《なが》さ10㎝ほどの鋭《するど》いカギ爪《づめ》があったのです。

　このカギ爪は可動式《かどうしき》で、走行時《そうこうじ》は邪魔《じゃま》にならないように上向《うえむ》きに〝収納《しゅうのう》〟され、戦闘時《せんとうじ》には前向《まえむ》き、あるいは、下向《したむ》きにすることができたようです。そうして足《あし》を蹴《け》り出《だ》して、相手《あいて》の急所《きゅうしょ》を襲《おそ》っていたとみられています。実際《じっさい》に、植物食恐竜《しょくぶつしょくきょうりゅう》の首筋《くびすじ》にこのカギ爪を叩《たた》き込《こ》んでいる化石《かせき》が見《み》つかっています。なんとも恐《おそ》ろしい恐竜《きょうりゅう》ですね。

ワクワクこぼれ噺《はなし》：近縁種《きんえんしゅ》を含《ふく》め、知能《ちのう》が高《たか》かったとされています。

自動車並《じどうしゃな》みの速《はや》さを誇《ほこ》る
恐竜界《きょうりゅうかい》のスピードスター!!

ガリミムス

名前《なまえ》：ガリミムス
全長《ぜんちょう》：6m
生《い》きていた時代《じだい》：中生代白亜紀《ちゅうせいだいはくあき》
学名《がくめい》：*Gallimimus*
化石《かせき》の産地《さんち》：モンゴル、ウズベキスタン
分類《ぶんるい》：竜盤類《りゅうばんるい》 獣脚《じゅうきゃく》類 オルニトミモサウルス類《るい》

21ページのオルニトミムスと同《おな》じ「オルニトミモサウルス類《るい》」の一種《いっしゅ》です。38ページのデイノケイルスを除《のぞ》けば、グループ最大級《さいだいきゅう》のからだのもち主《ぬし》でした。

スラリと長《なが》い脚は、衝撃《しょうげき》を吸収《きゅうしゅう》する仕様《しよう》になっていました。そのため、高速《こうそく》で走《はし》っても、接地《せっち》の瞬間《しゅんかん》の衝撃を最大限《さいだいげん》に和《やわ》らげることができたのです。

オルニトミモサウルス類の恐竜は、一般的《いっぱんてき》に足が速《はや》いことで知《し》られていますが、ガリミムスの速さはその中でも随一《ずいいち》だったとみられています。ある計算《けいさん》によると、時速《じそく》58㎞で走《はし》ることができたとか……。日本の一般《いっぱん》自動車道《じどうしゃどう》を普通《ふつう》に走れるスピードですね。

ワクワクこぼれ噺《はなし》：このグループの恐竜の多《おお》くは、全長4m未満《みまん》でした。

小《ちい》さな島《しま》の小さな竜脚類《りゅうきゃくるい》

エウロパサウルス

- 名前《なまえ》:エウロパサウルス
- 全長《ぜんちょう》:6.2m
- 生《い》きていた時代《じだい》:中生代《ちゅうせいだい》ジュラ紀《き》
- 学名《がくめい》:*Europasaurus*
- 化石《かせき》の産地《さんち》:ドイツ
- 分類《ぶんるい》:竜盤類《りゅうばんるい》 竜脚形類《りゅうきゃくけいるい》 竜脚類《りゅうきゃくるい》

「竜脚類《りゅうきゃくるい》」というグループは、いわゆる「巨大《きょだい》な植物食恐竜《しょくぶつしょくきょうりゅう》」たちが属《ぞく》するグループです。全長《ぜんちょう》20m以上《いじょう》の種《しゅ》も珍《めずら》しくありません。エウロパサウルスは、そんな竜脚類にあって、全長6mちょっと、肩高《けんこう》1・6mしかない小型種《こがたしゅ》でした。1・6mという数字《すうじ》は、現生《げんせい》のウマ(サラブレッド)の肩《かた》の高《たか》さとほぼ同《おな》じです。

なぜ、こんなにも小型《こがた》だったのでしょうか?

それは小《ちい》さな島《しま》で進化《しんか》を重《かさ》ねたからだとみられています。祖先《そせん》が大《おお》きくても、食料《しょくりょう》の少《すく》ない小さな島で進化の道《みち》を歩《あゆ》むうちに、からだが小さくなっていった、というわけです。

こうした〝島における小型化〟は、ほかの動物《どうぶつ》でも確認《かくにん》されています。

ワクワクこぼれ噺《はなし》: 名前《なまえ》は「ヨーロッパ(Europe)」にちなむものです。

超巨大恐竜《ちょうきょだいきょうりゅう》の祖先《そせん》は 現代《げんだい》の大型犬《おおがたけん》サイズ すべてはここから始《はじ》まった

エオラプトル

- **名前《なまえ》**：エオラプトル
- **全長《ぜんちょう》**：1m
- **生《い》きていた時代《じだい》**：中生代三畳紀《ちゅうせいだいさんじょうき》
- **学名《がくめい》**：*Eoraptor*
- **化石《かせき》の産地《さんち》**：アルゼンチン
- **分類《ぶんるい》**：恐竜類《きょうりゅうるい》 竜盤類《りゅうばんるい》 竜脚形類《りゅうきゃくけいるい》

最古《さいこ》の恐竜《きょうりゅう》の1つとして知《し》られています。その全長は、盲導犬《もうどうけん》としても活躍《かつやく》するラブラドール・レトリバーとさほど変《か》わりません。なお、エオラプトルの体重《たいじゅう》は10kgほどと見積《みつ》もられており、これはラブラドール・レトリバーの半分《はんぶん》にもおよばない軽《かる》さです。

こんな小型種ですが、「竜脚形《りゅうきゃくけい》類《るい》」という植物食恐竜のグループに属《ぞく》しています。竜脚形類は、18ページで紹介《しょうかい》したアパトサウルスに代表《だいひょう》される「巨大恐竜《きょだいきょうりゅう》」のグループです。全長20m超級《ちょうきゅう》も珍《めずら》しくありません。そんな巨大恐竜たちも、祖先《そせん》はエオラプトルのように小さかったのです。小《しょう》から大《だい》へ……。その進化を象《しょう》徴《ちょう》するような恐竜です。

ワクワクこぼれ噺《はなし》：エオラプトル自身《じしん》は、雑食性《ざっしょくせい》だったとみられています。

鉄壁防御《てっぺきぼうぎょ》の鎧《よろい》その材料《ざいりょう》は自分《じぶん》の骨《ほね》!?

アンキロサウルス

- **名前《なまえ》**:アンキロサウルス
- **全長《ぜんちょう》**:7m
- **生《い》きていた時代《じだい》**:中生代白亜紀《ちゅうせいだいはくあき》
- **学名《がくめい》**:*Ankylosaurus*
- **化石《かせき》の産地《さんち》**:アメリカ、カナダ
- **分類《ぶんるい》**:鳥盤類《ちょうばんるい》 装盾類《そうじゅんるい》 鎧竜類《よろいりゅうるい》

背中《せなか》に骨片《こっぺん》を並《なら》べた〝鎧《よろい》〟をもつ鎧竜類《よろいりゅうるい》の代表《だいひょう》です。

この鎧は〝単純《たんじゅん》な骨片〟ではありません。繊維組織《せんいそしき》が、現代《げんだい》の防弾《ぼうだん》チョッキのように組《く》み合《あ》わさってできていたのです。つまり、軽量《けいりょう》であり、強度《きょうど》もありながらも、弾力性《だんりょくせい》にも優《すぐ》れていました。

鎧竜類のもつこの骨片は、いかにしてつくられているのでしょうか。

2013年《ねん》に発表《はっぴょう》された研究《けんきゅう》によると、どうも自分自身《じぶんじしん》の骨《ほね》を溶《と》かし、その溶けた骨を材料《ざいりょう》にしているようです。そのため、鎧竜類は一定《いってい》の年《ねん》齢《れい》を超《こ》えるとあまり大《おお》きく成長《せいちょう》することがなかったとみられています。

彼《かれ》らは成長に際《さい》して大型化《おおがたか》よりも防《ぼう》御《ぎょ》を優先《ゆうせん》させていたわけです。

ワクワクこぼれ噺《はなし》:尾《お》の先《さき》にあるコブもまた、大切《たいせつ》な武器《ぶき》でした。

イカつい鎧竜《よろいりゅう》のトゲの中身《なかみ》はスカスカ?

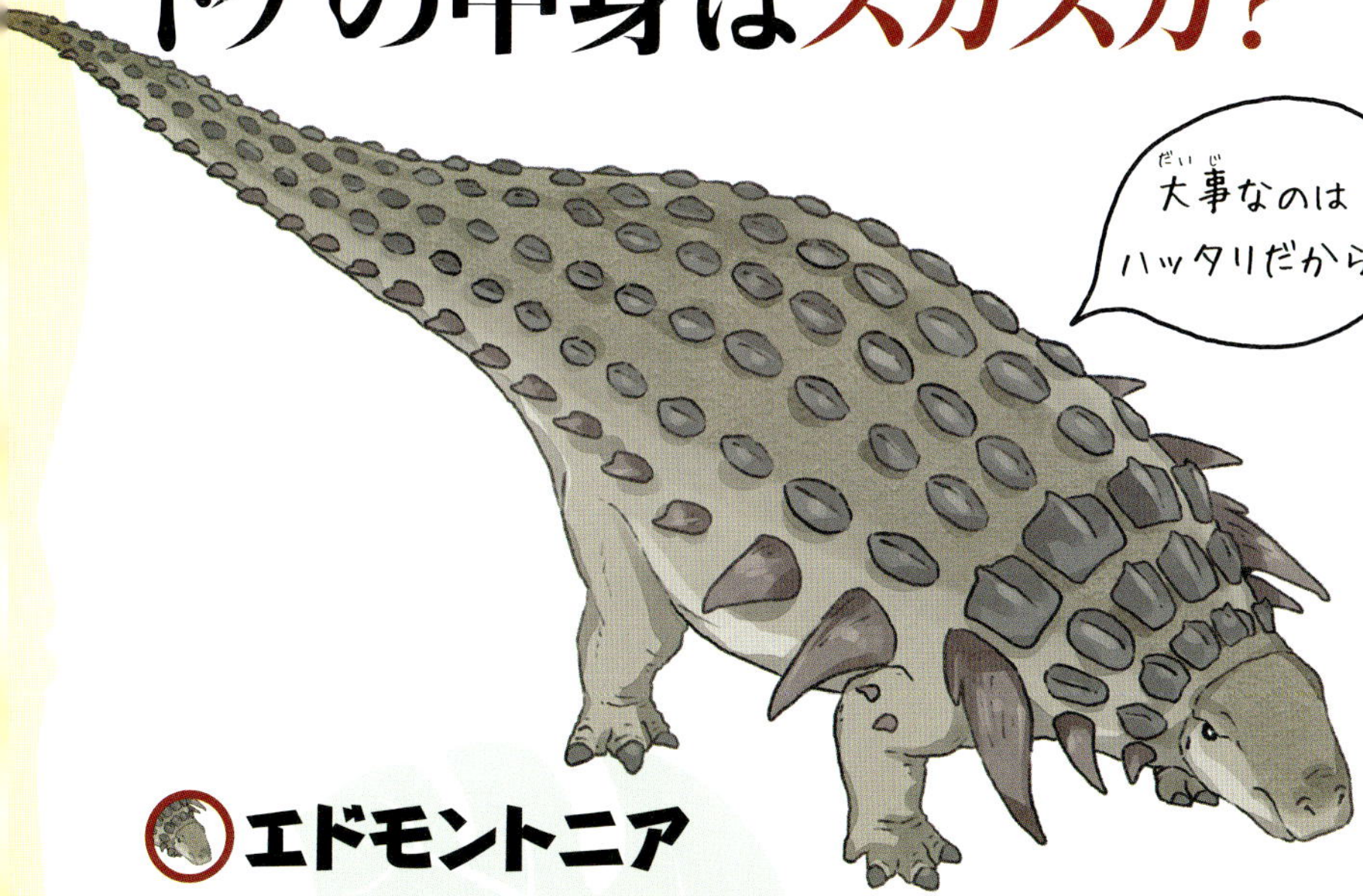

エドモントニア

- **名前《なまえ》**：エドモントニア
- **全長《ぜんちょう》**：6m
- **生《い》きていた時代《じだい》**：中生代白《ちゅうせいだいはく》亜《あ》紀《き》
- **学名《がくめい》**：*Edmontonia*
- **化石《かせき》の産地《さんち》**：カナダ、アメリカ
- **分類《ぶんるい》**：鳥盤類《ちょうばんるい》 鎧竜類《よろいりゅうるい》

両肩《りょうかた》にある大きなトゲ（スパイク）がトレードマークの鎧竜類です。複《ふく》数本《すうほん》を確認《かくにん》することができるそのスパイクは、根元《ねもと》が太《ふと》く、先端《せんたん》は尖《とが》っていて、なかなかの迫力《はくりょく》があります。捕食者《ほしょくしゃ》である肉食恐竜《にくしょくきょうりゅう》たちも、これらのスパイクを見《み》れば、攻撃《こうげき》することを躊躇《ちゅうちょ》したかもしれません。

しかし、じつはエドモントニアのスパイクは武器として役《やく》に立《た》たなかったことが、日本人研究者《にほんじんけんきゅうしゃ》たちの研究によって、２０１０年に報告《ほうこく》されています。スパイクの内部構造《ないぶこうぞう》はスカスカで、強度がなかったのです。あくまでも〝ハッタリ仕様《しよう》〟であったか、あるいは、同種内《どうしゅない》で雄《おす》が雌《めす》にアピールするような際《さい》に使《つか》われていたのかもしれません。

ワクワクこぼれ噺《はなし》：ステゴサウルス（19ページ）のトゲとは随分違《ずいぶんちが》っているのがわかります。

恐竜《きょうりゅう》だって家《いえ》がほしい!

ザ・穴掘《あなほ》り恐竜

オリクトドロメウス

- 名前《なまえ》：オリクトドロメウス
- 学名《がくめい》：*Oryctodromeus*
- 全長《ぜんちょう》：2m
- 化石《かせき》の産地《さんち》：アメリカ
- 生《い》きていた時代《じだい》：中生代白亜紀《ちゅうせいだいはくあき》
- 分類《ぶんるい》：鳥盤類《ちょうばんるい》 鳥脚類《ちょうきゃくるい》

「恐竜類《きょうりゅうるい》の巣《す》」といえば、野《の》ざらし……そう思《おも》っていませんか? 土《つち》を盛《も》るということはあるにしろ、その巣は〝野外《やがい》〟にある、それが恐竜の〝子育《こそだ》て〟とみられてきました。

そんな〝常識《じょうしき》〟を覆《くつがえ》したのが、2007年《ねん》に報告《ほうこく》された、オリクトドロメウスです。一見《いっけん》しただけでは、〝なんの変哲《へんてつ》もない二足歩行《にそくほこう》恐竜〟のように見《み》えますが、直径数十《ちょっけいすうじゅう》㎝のトンネルを数《すう》mにわたって掘《ほ》って、哺乳類《ほにゅうるい》が掘るような巣穴《すあな》を掘っていたのでした。

トンネルは、シンプルな直線構造《ちょくせんこうぞう》ではなく、大《おお》きくうねったつくりをしていました。そして、そのトンネルの先《さき》で、どうやら幼体《ようたい》が暮《く》らしていたようです。

ワクワクこぼれ噺《はなし》：ほかにも巣穴を掘る恐竜がいたかもしれません。

小学生《しょうがくせい》に人気《にんき》の石頭恐竜《いしあたまきょうりゅう》

果《は》たして頭突《ずつ》きはできたのか？

パキケファロサウルス

- **名前《なまえ》**：パキケファロサウルス
- **全長《ぜんちょう》**：4.5m
- **生《い》きていた時代《じだい》**：中生代白亜紀《ちゅうせいだいはくあき》
- **学名《がくめい》**：*Pachycephalosaurus*
- **化石《かせき》の産地《さんち》**：アメリカ、カナダ
- **分類《ぶんるい》**：鳥盤類《ちょうばんるい》 周飾頭類《しゅうしょくとうるい》 堅頭竜類《けんとうりゅうるい》

「石頭恐竜《いしあたまきょうりゅう》」とも呼《よ》ばれ、頭頂部《とうちょうぶ》の骨《ほね》が25㎝もの高《たか》さに盛《も》り上《あ》がっていました。

この恐竜をめぐっては、「頭突《ずつ》きの可否《かひ》」が議論《ぎろん》の的《まと》になります。「勢《いき》いよく頭突きをすると脳震盪《のうしんとう》を起《お》こしてしまうので、頭突きはムリ」という見方《みかた》もあれば、「幼体時《ようたいじ》は頭頂部の骨は内部《ないぶ》がスカスカで、頭突きの衝撃《しょうげき》を吸収《きゅうしゅう》することができた。したがって、少《すく》なくとも幼体時は頭突きができた」という指摘《してき》、「近縁《きんえん》種《しゅ》では、成体《せいたい》でも衝撃吸収できる。頭突きは可能《かのう》」、「そもそも頭骨化石《とうこつかせき》には頭突きの痕跡《こんせき》がある」という指摘までさまざまです。

みんな、その「頭《あたま》」に注目《ちゅうもく》しているのです。

ワクワクこぼれ噺《はなし》： 頭頂部の膨《ふく》らみは成長《せいちょう》に応《おう》じて大きくなったようです。

デイノケイルス

かつて「長《なが》い腕《うで》」だけが知《し》られていた恐竜《きょうりゅう》。しかし、近年《きんねん》の研究《けんきゅう》で、その全貌《ぜんぼう》が明《あき》らかになった。研究者《けんきゅうしゃ》はこの恐竜を「キメラ」に例《たと》える。

- **名前《なまえ》**：デイノケイルス
- **学名《がくめい》**：*Deinocheirus*
- **全長《ぜんちょう》**：11m
- **化石《かせき》の産地《さんち》**：モンゴル
- **生《い》きていた時代《じだい》**：中生代《ちゅうせいだい》白亜紀《はくあき》
- **分類《ぶんるい》**：竜盤類《りゅうばんるい》 獣脚類《じゅうきゃくるい》 オルニトミムス類《るい》

みなさん、もっと想像力《そうぞうりょく》を豊《ゆた》かに!

異例《いれい》尽《づ》くしの変《へん》な生《い》き物《もの》
「キメラ」と呼《よ》ばれる恐竜《きょうりゅう》

1965年《ねん》、モンゴルのゴビ砂漠《さばく》から、2・4mもの長《なが》さのある腕《うで》などの化石《かせき》が見《み》つかりました。2・4mという数字《すうじ》は、日本《にほん》の一般的《いっぱんてき》な戸《こ》建住宅《だてじゅうたく》の2階《かい》の窓《まど》からその腕を伸《の》ばすと、地上《ちじょう》のヒトと握手《あくしゅ》ができる長さです。しかし、その後《ご》、この腕のもち主《ぬし》となる化石は発見《はっけん》されず、「20世紀《せいき》の恐竜学《きょうりゅうがく》における最大《さいだい》の謎《なぞ》」として扱《あつか》われてきました。

しかし、21世紀になってからの調査《ちょうさ》によって新《あら》たな部位《ぶい》の化石が発見され、2014年にその研究成果《けんきゅうせいか》が発表《はっぴょう》されて全貌《ぜんぼう》が明《あき》らかになりました。それは、誰《だれ》も予想《よそう》していなかった姿《すがた》だったのです。

まず、目立《めだ》つのは背中《せなか》の帆《ほ》です。それは、まるで22ページのスピノサウルスのよう……。背骨《せぼね》の構造《こうぞう》は、16ページのパタゴティタンや18ページのアパトサウルスなどの竜脚類《りゅうきゃくるい》とよく似《に》ており、足《あし》の骨《ほね》は26ページのエドモントサウルスなどのハドロサウルス類《るい》とよく似《に》ていました。しかも、分類《ぶんるい》は21ページのオルニトミムスや31ページのガリミムスと同《おな》じオルニトミモサウルス類《るい》……。「キメラのような恐竜《きょうりゅう》」と表現《ひょうげん》されました。しかも、長さ1mという、とても細長《ほそなが》い頭部《とうぶ》をもっていたのです。

豆知識《まめちしき》

オルニトミモサウルス類の恐竜は小型《こがた》～中型《ちゅうがた》の種《しゅ》ばかりです。デイノケイルスはこのグループとしては異例《いれい》の全長《ぜんちょう》11m、体重《たいじゅう》6.4tの巨《きょ》体《たい》のもち主でした。

ワクワクこぼれ噺《はなし》：魚《さかな》や植物《しょくぶつ》を食《た》べる雑食性《ざっしょくせい》だったとみられています。

コラム
もっと知《し》りたい！
古生物《こせいぶつ》

恐竜《きょうりゅう》好《す》きなら誰《だれ》もが憧《あこが》れる、夢《ゆめ》の楽園《らくえん》は建設《けんせつ》できる？

ジュラシック・パークは再現《さいげん》することが可能《かのう》なのか？

写真《しゃしん》／オフィス ジオパレオント

「ザ・恐竜映画《きょうりゅうえいが》」といえば、「ジュラシック・パーク」シリーズ。本書《ほんしょ》が刊行《かんこう》された2018年《ねん》には、シリーズ最新作《さいしんさく》『ジュラシック・ワールド／炎《ほのお》の王国《おうこく》』が公開《こうかい》されました。

さて、ジュラシック・パークは遺《い》伝子《でんし》工学《こうがく》によって現代《げんだい》に蘇《よみがえ》った恐竜《きょうりゅう》たちが、〝大活躍《だいかつやく》〟するフィクションです。作中《さくちゅう》では、恐竜の血《ち》を吸《す》った蚊《か》が琥珀《こはく》の中《なか》に閉《と》じ込《こ》められていて、その血を解析《かいせき》することで、恐竜たちを現代に蘇らせます。

琥珀の中の〝恐竜《きょうりゅう》時代《じだい》の血液《けつえき》〟から、実際《じっさい》に恐竜を復活《ふっかつ》させることは可能《かのう》なのでしょうか？

DNA《ディーエヌエー》さえ手《て》に入《はい》れば、恐竜を復活させることができると仮定《かてい》するところからはじめましょう。

恐竜時代の蚊が入《はい》った琥珀を入手《にゅうしゅ》できるのかといえば、これは可能です。近年《きんねん》、ミャンマーから中生代白《ちゅうせいだいはく》亜紀《あき》の琥珀が発掘《はっくつ》されるようになり、恐竜の尾《お》が入った琥珀も見《み》つかっています。最近《さいきん》では、吸血《きゅうけつ》ダニが入った琥珀も発見《はっけん》されました。

そうした琥珀を調《しら》べれば、恐竜のDNAが入手できるのではないか。そう思《おも》われるかもしれませんが、根《こん》本的《ぼんてき》な問題《もんだい》があるのです。

じつは、DNA自体《じたい》が〝ナマモノ〟で〝消費期限《しょうひきげん》〟があるのです。2012年に発表《はっぴょう》された研究《けんきゅう》によると、DNAは約《やく》521年でその半分《はんぶん》が壊《こわ》れるそうです。約1042年後《ねんご》には残《のこ》りの半分が壊れ、約1563年後には…と、どんどん壊れていきます。つまり、6600万年《まんねん》以上前《いじょうまえ》の恐竜たちのDNAはほとんど残っていないのです。

残念《ざんねん》ながら、フィクションを現実《げんじつ》にするのは難《むずか》しそうです。

実際《じっさい》にも発掘《はっくつ》される虫入《むしい》り琥珀《こはく》
恐竜《きょうりゅう》のDNA《ディーエヌエー》は入手《にゅうしゅ》できる!?

恐竜時代の、いわゆる「虫入《むしい》り琥珀」。琥珀は樹脂《じゅし》が固《かた》まったもので、昆虫類《こんちゅうるい》や植物《しょくぶつ》の葉《は》、場《ば》合《あい》によっては脊椎動物《せきついどうぶつ》の一部《いちぶ》などを内包《ないほう》していることがある。 写真／ふぉっしる

第《だい》2章《しょう》

どうしてそうなった?

「へんて古《こ》生《せい》物《ぶつ》」たちの正《しょう》体《たい》

**見《み》たこともないような姿《すがた》から、
その魅力《みりょく》にとりつかれる
人《ひと》たちが多《おお》い古生物《こせいぶつ》たちを
ご紹介《しょうかい》！とはいえ、
外見《がいけん》だけじゃなく、中身《なかみ》も
魅力《みりょく》たっぷりなんです！**

"史上最初《しじょうさいしょ》の覇者《はしゃ》" 意外《いがい》な特徴《とくちょう》とは？

アノマロカリス

生命《せいめい》の歴史上《れきしじょう》、"初《はじ》めて登場《とうじょう》"した覇者《はしゃ》クラス。他種《たしゅ》を圧倒《あっとう》する巨体《きょたい》のもち主《ぬし》ではあったが……。

- **名前《なまえ》**：アノマロカリス・カナデンシス
- **学名《がくめい》**：*Anomalocaris canadensis*
- **全長《ぜんちょう》**：1m
- **化石《かせき》の産地《さんち》**：カナダ
- **生《い》きていた時代《じだい》**：古生代《こせいだい》カンブリア紀《き》
- **分類《ぶんるい》**：節足動物《せっそくどうぶつ》

古生代《こせいだい》カンブリア紀《き》は、「喰《く》う・喰われる」という生存競争《せいぞんきょうそう》が初《はじ》めて本格化《ほんかくか》した時代《じだい》とみられています。この時代、多《おお》くの動物《どうぶつ》が10㎝以下《いか》というサイズ。そんな世界《せかい》で、アノマロカリス・カナデンシスは1mもの巨体《きょたい》を誇《ほこ》りました。

このサイズだけでも恐《おそ》ろしいのに、トゲの並《なら》んだ大《おお》きな触手《しょくしゅ》を2本《ほん》もっていました。この触手で、がっしりと獲物《えもの》をとらえることができたようです。まさに、"史上最初《しじょうさいしょ》の覇者《はしゃ》"としての風格《ふうかく》をもっていました。

ただし、なんでも獲物にできるほどの強《つよ》さはなかったともいわれています。コンピューターを使《つか》った噛《か》む力《ちから》の解析《かいせき》では、三葉虫類《さんようちゅうるい》がもつような硬《かた》い殻《から》はもちろんのこと、現生《げんせい》の

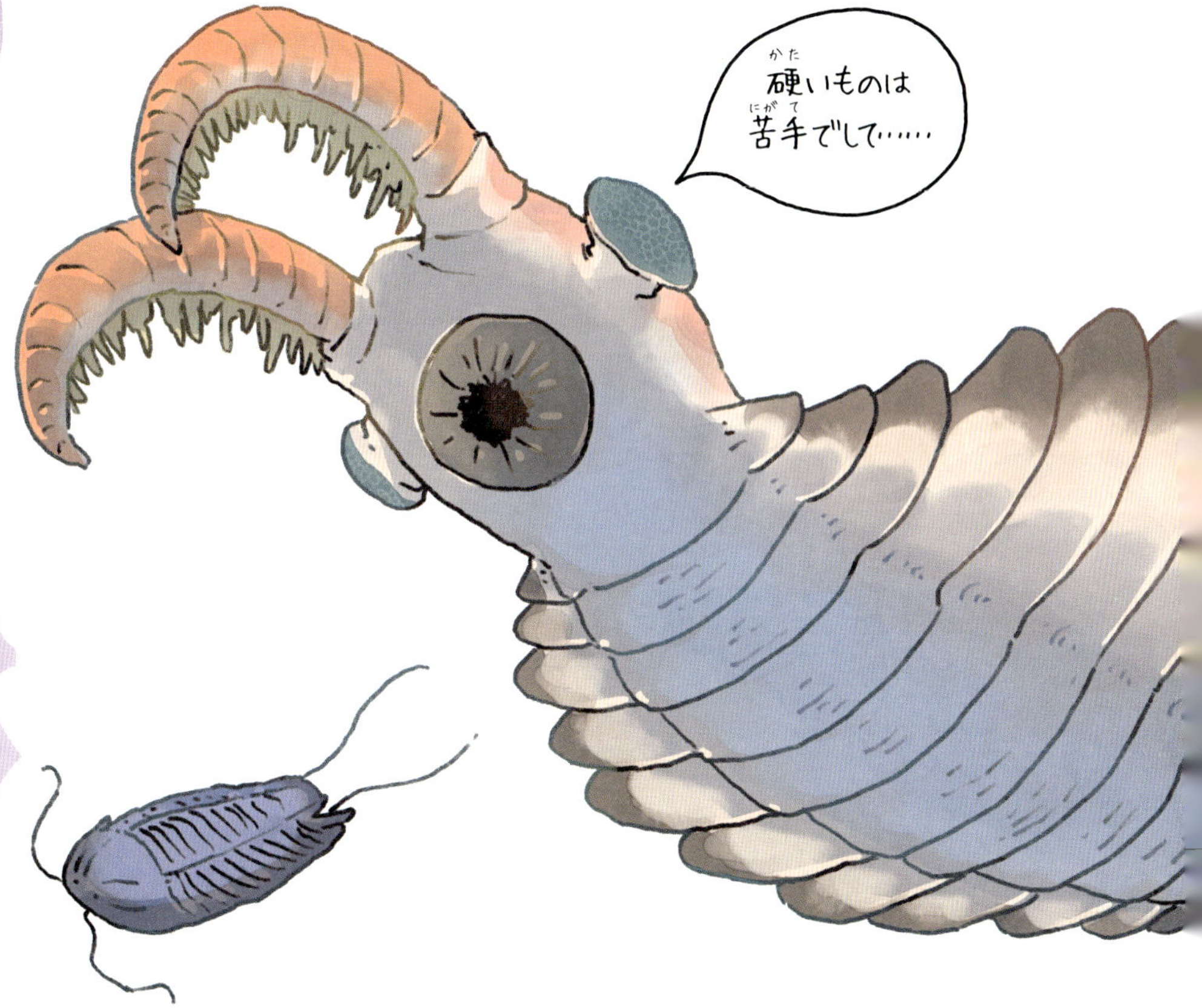

エビがもつようなキチン質《しつ》の殻でさえ、噛み砕《くだ》けなかったというのです。ぜん虫《ちゅう》（細長《ほそなが》く、這《は》って移動《いどう》する虫《むし》）のような全身《ぜんしん》がやわらかい動物や、脱皮《だっぴ》したてでまだ殻が硬くなっていない三葉虫類などを主食《しゅしょく》としていたとみられています。

ちなみに、この時代の我《われ》らが祖先《そせん》である魚《さかな》の仲間《なかま》は、ウロコをもたない、まさに〝やわらかい動物〟でした。アノマロカリスにとって、恰好《かっこう》の獲物だったのかもしれませんね。

豆知識《まめちしき》

ある近縁種《きんえんしゅ》の研究《けんきゅう》によると、眼《め》（複眼《ふくがん》）はかなり高性能《こうせいのう》だったようです。泳《およ》ぎ回《まわ》る獲物も正確《せいかく》に捕捉《ほそく》することができたとみられています。

ワクワクこぼれ噺《はなし》： 近縁種の化石《かせき》は、世界各地《せかいかくち》で見《み》つかっています。

“史上最初《しじょうさいしょ》の覇者《はしゃ》”の末裔《まつえい》

1mから10cmの世界《せかい》へ…

シンダーハンネス

名前《なまえ》：シンダーハンネス
学名《がくめい》：*Schinderhannes*
全長《ぜんちょう》：10cm
化石《かせき》の産地《さんち》：ドイツ
生《い》きていた時代《じだい》：古生代《こせいだい》デボン紀《き》
分類《ぶんるい》：節足動物《せっそくどうぶつ》 アノマロカリス類《るい》

かつて、「アノマロカリス類《るい》」といえば、海洋世界《かいようせかい》に冠《かん》たる狩人《かりゅうど》でした。特《とく》に、44ページで紹介《しょうかい》したアノマロカリス・カナデンシスは、ほかの多《おお》くの動物《どうぶつ》たちのサイズが10㎝未《み》満《まん》という時代《じだい》に、自身《じしん》は1ｍもの全《ぜん》長《ちょう》をもつ大型《おおがた》の捕食者《ほしょくしゃ》でした。

その繁栄《はんえい》から1億年《おくねん》。シンダーハンネスが出現《しゅつげん》しました。知《し》られている限《かぎ》り、もっとも新《あたら》しい（つまり最《さい》後《ご》の）アノマロカリス類です。

シンダーハンネスは、からだのわりには大《おお》きな触手《しょくしゅ》と大きな眼《め》をもち、見《み》た目《め》はたしかに、かつての覇《は》者《しゃ》と同《おな》じです。しかし、そのサイズは10㎝しかありません。周囲《しゅうい》には数十《すうじゅう》㎝サイズの〝ライバル〟がいっぱい。もはや、覇者ではなかったのです。

ワクワクこぼれ噺《はなし》：まるで、翼《つばさ》のような形《かたち》のヒレも特徴《とくちょう》です。

全身《ぜんしん》トゲトゲな巨大三葉虫《きょだいさんようちゅう》

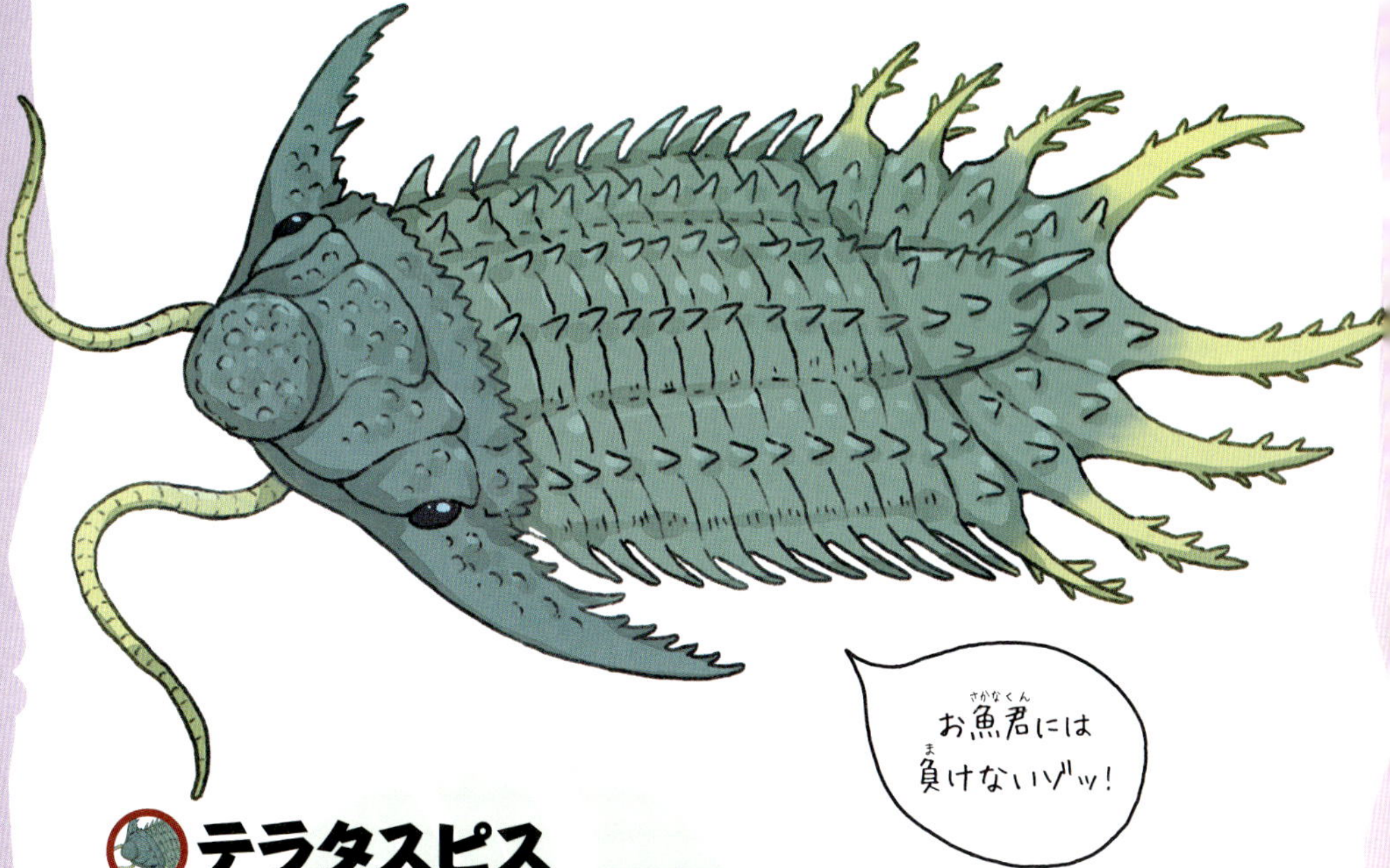

テラタスピス

- **名前《なまえ》**：テラタスピス
- **全長《ぜんちょう》**：60cm
- **生《い》きていた時代《じだい》**：古生代《こせいだい》デボン紀《き》
- **学名《がくめい》**：*Terataspis*
- **化石《かせき》の産地《さんち》**：カナダ、アメリカ
- **分類《ぶんるい》**：節足動物《せっそくどうぶつ》 三葉虫類《さんようちゅうるい》

全身《ぜんしん》に大小《だいしょう》のトゲが発達《はったつ》していました。頭部《とうぶ》の中央《ちゅうおう》には、〝お茶《ちゃ》の水《みず》博士《はかせ》〟の鼻《はな》のような膨《ふく》らみがあり、そこにもトゲがびっしりと並《なら》ぶという徹底《てってい》ぶりです。

何《なに》よりも特筆《とくひつ》すべきは、そのサイズ。60㎝という大きさは、三葉虫類《さんようちゅうるい》1万種《まんしゅ》以上《いじょう》の中《なか》で5本指《ほんゆび》に入《はい》る大きさで、トゲトゲなからだをもつ三葉虫類としては最大《さいだい》です。

三葉虫類の大半《たいはん》は、その3億年の進化史《しんかし》を通《つう》じて10㎝以下《いか》です。では、なぜ、テラタスピスは巨大化《きょだいか》したのでしょう? 生命史《せいめいし》でみると、当時《とうじ》、顎《あご》をもった魚《さかな》の仲間《なかま》が急速《きゅうそく》に数《かず》を増《ふ》やしていました。新たな脅威《きょうい》に対抗《たいこう》するためだったのかもしれません。

ワクワクこぼれ噺《はなし》：“トゲなし”であれば、もう少《すこ》し大きな種《しゅ》もいました。

完全武装のモンスター

ディクラヌルス

名前《なまえ》：ディクラヌルス・モンストローサス
学名《がくめい》：*Dicranurus monstrosus*
全長《ぜんちょう》：10cm弱《じゃく》（トゲを含《ふく》む）
化石《かせき》の産地《さんち》：モロッコ
生《い》きていた時代《じだい》：古生代《こせいだい》デボン紀《き》
分類《ぶんるい》：節足動物《せっそくどうぶつ》 三葉虫類《さんようちゅうるい》

からだの両《りょう》サイドから多数《たすう》の太《ふと》くて長《なが》いトゲが伸《の》び、〝後頭部《こうとうぶ》〟には、まるでヒツジのツノのようにカールした2本《ほん》のトゲがあります。まさに、モンスターの風体《ふうたい》です。

古生代《こせいだい》デボン紀《き》の三葉虫類《さんようちゅうるい》は、このモンスターに代表《だいひょう》されるような〝武装化《ぶそうか》〟が進《すす》み、「こっちに来《く》ると怪我《けが》するぞ!」と言《い》わんばかりの姿《すがた》をしたものが多《おお》くいました。

武装化の理由《りゆう》は不明《ふめい》です。しかし、当時《とうじ》、生命史上《せいめいしじょう》初《はじ》めて、魚《さかな》が急速《きゅうそく》に勢力《せいりょく》を拡大《かくだい》していました。武装化は、台頭《たいとう》する魚への対抗措置《たいこうそち》だったのかもしれません。けれども、こうした〝武装三葉虫〟は、デボン紀末《まつ》までには姿《すがた》を消《け》してしまうのです。武装化は、徒花《あだばな》だったといえるでしょう。

ワクワクこぼれ噺《はなし》：近縁種《きんえんしゅ》の化石《かせき》は、アメリカからも見《み》つかっています。

研究者《けんきゅうしゃ》でさえも笑《わら》った!?
五《いつ》つ眼《め》の"異形《いぎょう》"

オパビニア

名前《なまえ》：オパビニア
全長《ぜんちょう》：10cm
生《い》きていた時代《じだい》：古生代《こせいだい》カンブリア紀《き》
学名《がくめい》：*Opabinia*
化石《かせき》の産地《さんち》：カナダ
分類《ぶんるい》：節足動物《せっそくどうぶつ》

さまざまな姿の古生物《こせいぶつ》を研究対象《けんきゅうたいしょう》としている古生物学者《がくしゃ》も、あまりにも〝突飛《とっぴ》な姿〟に出会《であ》うと、思《おも》わず笑《わら》ってしまうことがあるようです。

1975年《ねん》、学会《がっかい》でその姿が披露《ひろう》されたとき、会場《かいじょう》では大《おお》きな笑いが起《お》きました。そんな逸話《いつわ》をもつのが、オパビニアです。

それもそのはず。現在《げんざい》でも、初見《しょけん》の方《かた》は、思わず2度見《どみ》してしまうことでしょう。大きい眼《め》が、合計《ごうけい》5個《こ》もあったのです。また、頭部《とうぶ》から前方《ぜんぽう》に向《む》かってノズルが伸《の》び、その先端《せんたん》はギザギザのあるハサミのようなつくりになっていました。

ほかに類《るい》をみない奇天烈《きてれつ》な姿のもち主《ぬし》ですが、これでも節足動物《せっそくどうぶつ》の仲間《なかま》に分類《ぶんるい》されています。

ワクワクこぼれ噺《はなし》：ノズルは、ゾウの鼻《はな》のように使《つか》っていたとみられています。

ハルキゲニア

「ハルキゲニア」という名前《なまえ》は「幻惑《げんわく》するもの」という意味《いみ》。その名《な》のとおり、研究者《けんきゅうしゃ》を惑《まど》わせ続《つづ》け、復元《ふくげん》されるたびに姿《すがた》を変《か》えてきた。

- **名前《なまえ》**：ハルキゲニア
- **全長《ぜんちょう》**：3cm
- **生《い》きていた時代《じだい》**：古生代《こせいだい》カンブリア紀《き》
- **学名《がくめい》**：*Hallucigenia*
- **化石《かせき》の産地《さんち》**：カナダ
- **分類《ぶんるい》**：有爪動物《ゆうそうどうぶつ》

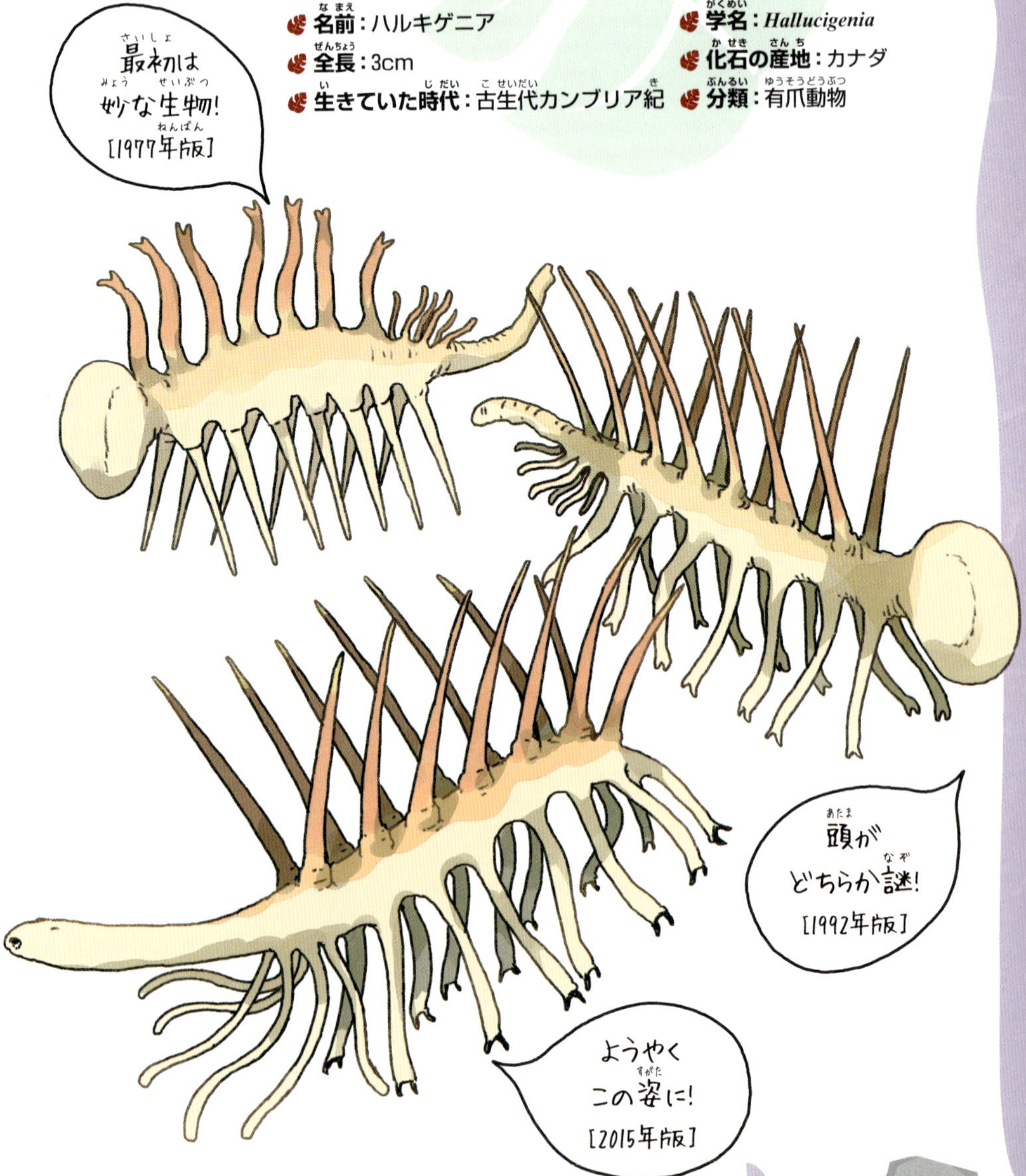

その姿《すがた》が2転《てん》3転《てん》……
どっちが頭《あたま》で
どっちが尻尾《しっぽ》!?

1977年《ねん》、珍妙《ちんみょう》な古生物《こせいぶつ》が報告《ほうこく》されました。それは、チューブ状《じょう》のからだに「鋭《するど》いトゲのような肢《あし》」を2列《れつ》もち、背中《せなか》にはクネクネとくねるやわらかい「触手《しょくしゅ》」が1列《れつ》になって並《なら》ぶという動物《どうぶつ》でした。そして、チューブ状のからだの一方《いっぽう》の端《はし》は、まるで頭《あたま》のようにふくらんでいました。この正体不明《しょうたいふめい》の謎《なぞ》の生物は、「ハルキゲニア」と名付《なづ》けられました。

1992年、「触手」だと思《おも》われていた部分《ぶぶん》が、じつは「肢」であることがわかりました。もともと、1列しかないと思われていた触手は、くわしい調査《ちょうさ》の結果《けっか》、2列あることがわかり、しかも、その先《さき》に爪《つめ》があることがわかったのです。こうなると、「トゲのように鋭《するど》い肢」は、単純《たんじゅん》に「トゲだった」と考《かんが》える方《ほう》が自然《しぜん》です。つまり、1977年の復元《ふくげん》は、上下《じょうげ》が逆《さか》さまだったのです。また、頭部《とうぶ》のようなふくらみは、からだの組織《そしき》が染《し》み出《だ》していたものとわかりました。ただし、この時点《じてん》ではからだのどちらが頭なのかはわかっていませんでした。

2015年になると、その復元はさらに変化《へんか》することになります。新《あら》たに眼《め》と口《くち》が見《み》つかったからです。この発見《はっけん》によって、ハルキゲニアの「前後《ぜんご》」がようやくわかったのでした。

豆知識《まめちしき》

カナダのハルキゲニアは、正確《せいかく》には「ハルキゲニア・スパルサ」と呼《よ》びます。当時《とうじ》、中国《ちゅうごく》には「ハルキゲニア・フォルティス」というよく似《に》た種《しゅ》がいました。

ワクワクこぼれ噺《はなし》： 化石調査《かせきちょうさ》は、化石を壊《こわ》すこともあり、化石数《すう》が少《すく》ない種《しゅ》は研究《けんきゅう》が遅《おく》れる傾向《けいこう》にあります。

ウニやヒトデの仲間《なかま》だけど はっきり言《い》って謎《なぞ》だらけ!

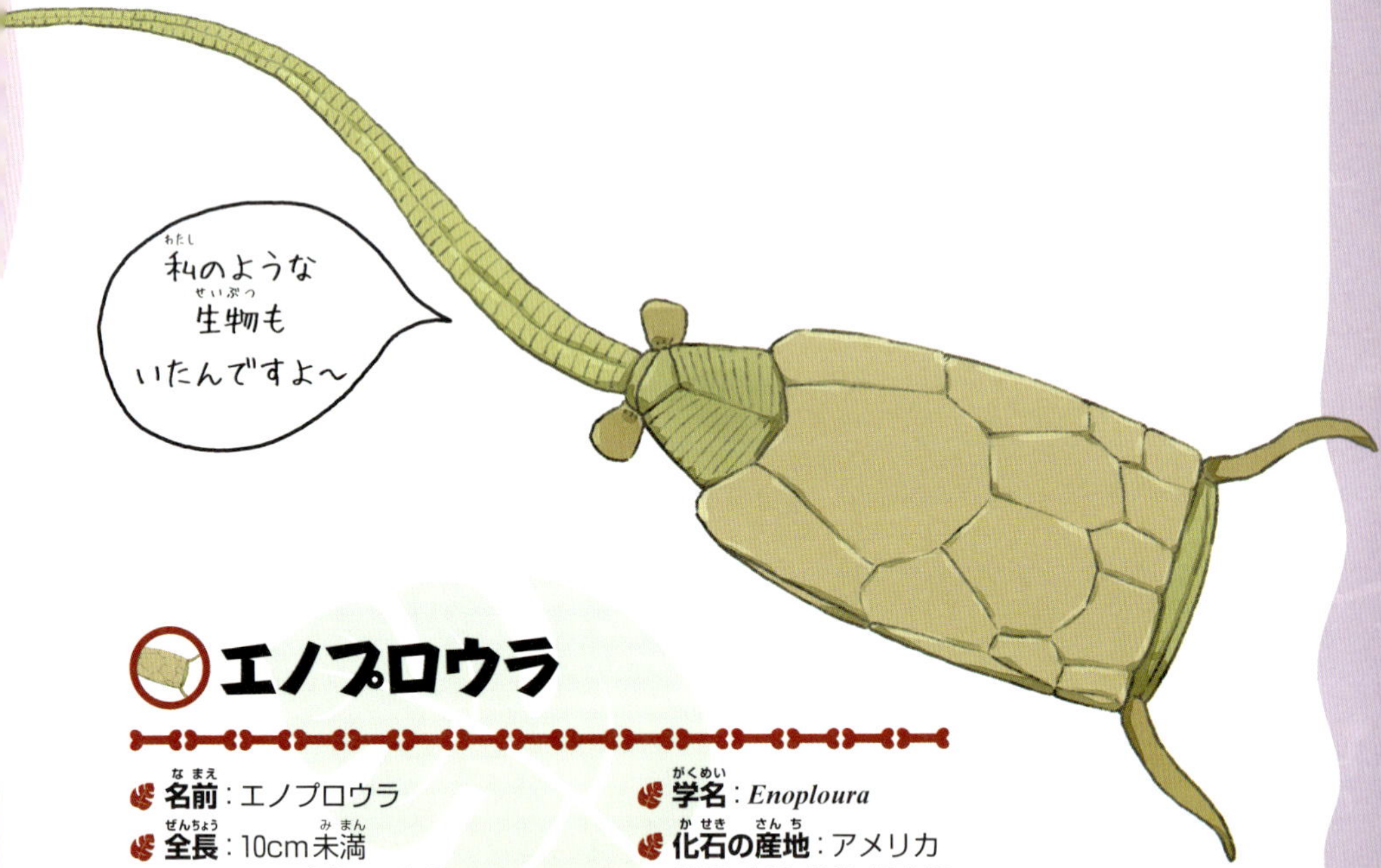

エノプロウラ

- **名前《なまえ》**：エノプロウラ
- **全長《ぜんちょう》**：10cm未満《みまん》
- **生《い》きていた時代《じだい》**：古生代《こせいだい》オルドビス紀《き》
- **学名《がくめい》**：*Enoploura*
- **化石《かせき》の産地《さんち》**：アメリカ
- **分類《ぶんるい》**：棘皮動物《きょくひどうぶつ》 海果類《かいかるい》

ウニ類《るい》やヒトデ類《るい》が属《ぞく》する大《だい》グループのことを「棘皮動物《きょくひどうぶつ》」と言《い》います。現在《げんざい》のこのグループには、ほかにウミユリ類《るい》やナマコ類《るい》などがいますが、かつては、さらにいくつもの動物群《どうぶつぐん》が属《ぞく》していました。

そんな「絶滅《ぜつめつ》した棘皮動物」の中《なか》でも、とりわけ不思議《ふしぎ》な姿《すがた》をしているのが、エノプロウラの属する「海《かい》果類《かるい》」です。海果類は、「カルポイド類《るい》」とも呼《よ》ばれます。直方体《ちょくほうたい》のからだと柔軟《じゅうなん》に曲《ま》がる腕《うで》のような構造《こうぞう》をもっていました。

エノプロウラに限《かぎ》らず、海果類自《じ》体《たい》が謎《なぞ》のグループです。どのように暮《く》らしていたのか？ 腕のような構造は何《なん》のためなのか？ わかっていないことだらけなのです。

ワクワクこぼれ噺《はなし》： からだを骨片《こっぺん》などで覆《おお》うという特徴《とくちょう》が、棘皮動物の共通《きょうつう》です。

恐竜《きょうりゅう》よりも2億年先輩《おくねんせんぱい》！アンモナイトの"祖先《そせん》"

アネトセラス

名前《なまえ》：アネトセラス
学名《がくめい》：*Anetoceras*
長径《ちょうけい》：12cm
化石《かせき》の産地《さんち》：中国《ちゅうごく》、ドイツ、モロッコほか
生《い》きていた時代《じだい》：古生代《こせいだい》デボン紀《き》
分類《ぶんるい》：軟体動物《なんたいどうぶつ》 頭足類《とうそくるい》 アンモノイド類《るい》

巻《ま》きのユル〜いアンモノイド類《るい》の代表的《だいひょうてき》な存在《そんざい》です。

恐竜時代《きょうりゅうじだい》の海《うみ》の主役《しゅやく》でもある「アンモナイト類《るい》」は、「アンモノイド類」と呼ばれる、より大《おお》きなグループから進化《しんか》しました。アンモノイド類の始祖《しそ》は、恐竜時代よりも2億年以上《おくねんいじょう》前《まえ》に生《う》まれ、その後《ご》、脈々《みゃくみゃく》と命《いのち》をつないでいったのです。

初期《しょき》のアンモノイド類は、殻《から》がほぼまっすぐな円錐形《えんすいけい》をしていました。進化するにつれて次第《しだい》に丸《まる》まって螺旋《らせん》を描《えが》くようになり、やがて外《そと》側《がわ》の殻と内側《うちがわ》の殻がピッタリとくっつき、よく知《し》られるアンモナイトのようになります。

アネトセラスはその進化途上《しんかとじょう》にいる動物《どうぶつ》なのです。

ワクワクこぼれ噺《はなし》：丸く進化するほど速《はや》く泳《およ》げたという指摘《してき》もあります。

クトゥルフ神話《しんわ》の生物《せいぶつ》か！ ついたあだ名《な》は〝北《きた》の異常巻《いじょうま》き〟

ニッポニテス

- 名前《なまえ》：ニッポニテス
- 幅《はば》：5〜10cm
- 生《い》きていた時代《じだい》：中生代白亜紀《ちゅうせいだいはあくき》
- 学名《がくめい》：*Nipponites*
- 化石《かせき》の産地《さんち》：日本《にほん》、ロシア
- 分類《ぶんるい》：頭足類《とうそくるい》 アンモナイト類《るい》

「*Nipponites*」という名前《なまえ》（学名《がくめい》）の「*Nippon*」は、もちろん「日本《にほん》」のこと。「*ites*」は、「〜の石《いし》（化石《かせき》）」という意味《いみ》です。つまり、この動物《どうぶつ》の名前は「日本の化石」という意味となり、まさしく「日本を代表《だいひょう》する古生物《こせいぶつ》」として、世界中《せかいじゅう》の研究者《けんきゅうしゃ》や愛好家《あいこうか》に知《し》られています。

こんな姿《すがた》をしていても、アンモナイト類《るい》の一種《いっしゅ》です。こうした形《かたち》のアンモナイト類は、「異常巻《いじょうま》き」と呼《よ》ばれ、本種《ほんしゅ》はとくに北海道《ほっかいどう》で化石が見《み》つかるために、「北《きた》の異常巻き、ニッポニテス」として知られています。ちなみに、「異常《いじょう》」とは、単《たん》に「形《かたち》が変《か》わっている」という程度《ていど》の意味で、病的《びょうてき》な異常、遺伝的《いでんてき》異常のことではありません。

ワクワクこぼれ噺《はなし》：日本古生物学会《にほんこせいぶつがっかい》のシンボルマークにもなっています。

二《に》枚貝《まいがい》とともに漂流《ひょうりゅう》した

“西《にし》の異常巻《いじょうま》き”

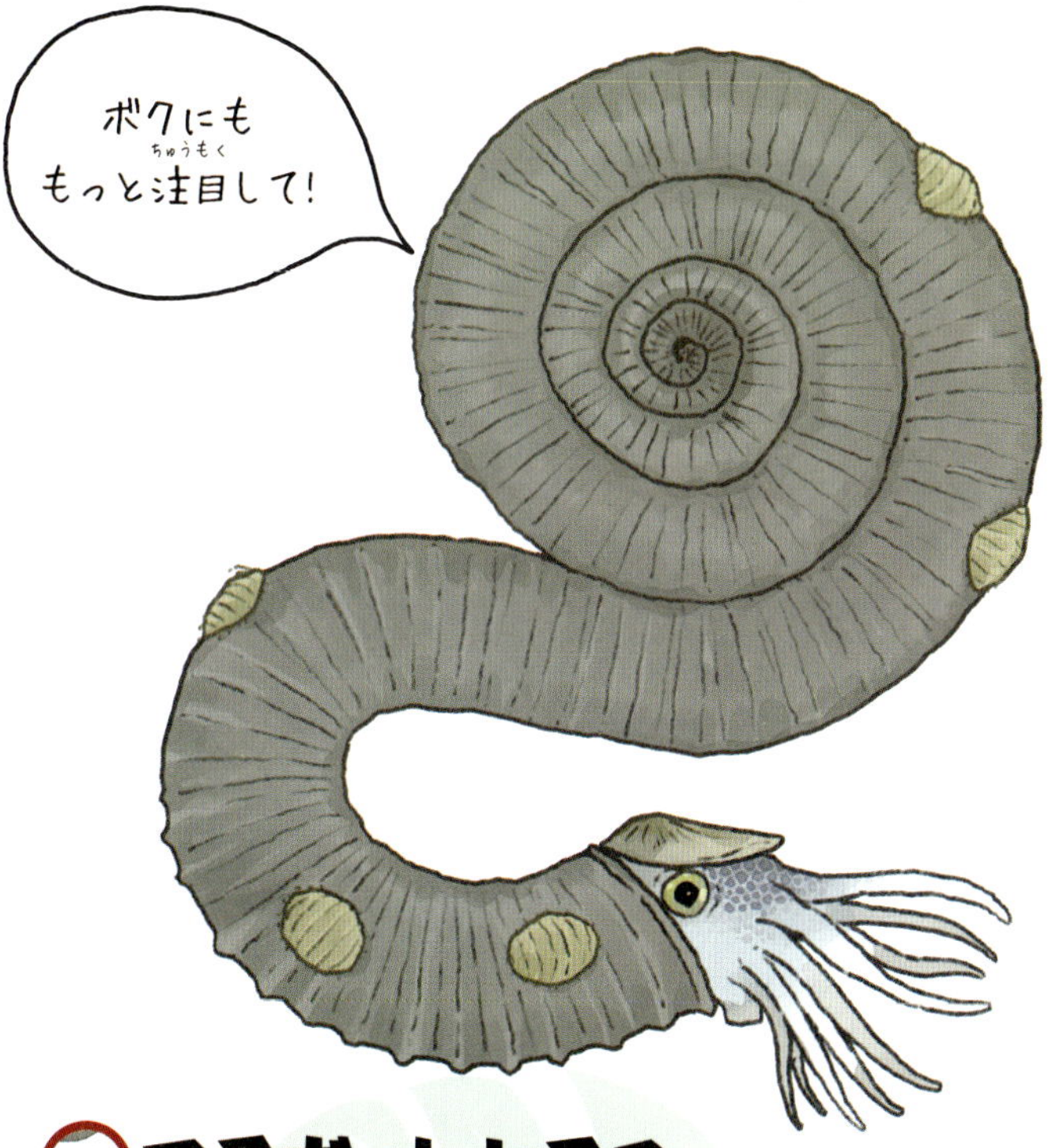

プラヴィトセラス

- 名前《なまえ》：プラヴィトセラス
- 学名《がくめい》：*Pravitoceras*
- 長径《ちょうけい》：25cm
- 化石《かせき》の産地《さんち》：日本《にほん》
- 生《い》きていた時代《じだい》：中生代白《ちゅうせいだいはく》亜《あ》紀《き》
- 分類《ぶんるい》：頭足類《とうそくるい》 アンモナイト類《るい》

淡路島《あわじしま》や近畿地方《きんきちほう》を中心《ちゅうしん》に化石が見つかる、異常巻きアンモナイトです。北海道のニッポニテスに対《たい》して、「西《にし》の異常巻き、プラヴィトセラス」と呼《よ》ばれています（あわせて「北のニッポ、西のプラヴィト」とも）。日本を代表するアンモナイト類の1つですが、“異常巻きの程度”が弱《よわ》いからか、ニッポニテスほどの知名度《ちめいど》はありません。

淡路島から、殻《から》の各所《かくしょ》に小《ちい》さな二《に》枚貝《まいがい》がくっついた化石が見つかっています。どうやらプラヴィトセラスが生《い》きている間《あいだ》に二枚貝が付属《ふぞく》して、ともに海《うみ》を漂《ただよ》っていたようです。

こうした生態《せいたい》がわかっている種は貴重《きちょう》です。「西のプラヴィト」、もっと注目《ちゅうもく》されてもいいのですが……。

ワクワクこぼれ噺《はなし》：化石は壊《こわ》れやすく、完全体《かんぜんたい》の採集《さいしゅう》には技《わざ》が必要《ひつよう》とされます。

「歯《は》の生《は》えた謎《なぞ》」の正体《しょうたい》は“一反木綿《いったんもめん》”ではなかった!

[1976年版《ねんばん》]

1976年《ねん》、まるで、日本《にほん》に伝《つた》わる妖怪《ようかい》「一反木綿《いったんもめん》」のような姿《すがた》の古《こ》生物《せいぶつ》が報告《ほうこく》されました。もちろん、実際《じっさい》は「一反《いったん》(約《やく》11m)」ほど長《なが》くありませんが、日本人《にほんじん》にとっては、この比喩《ひゆ》ほどふさわしいものはないでしょう。その古生物は、薄《うす》いからだを波《なみ》のようにうねらせて水中《すいちゅう》を泳《およ》ぐ姿をしていたのです。

より細《こま》かく見《み》れば、薄いからだは一反木綿ほどシンプルではありませんでした。胴部《どうぶ》には「節《ふし》のようなつくり」があり、頭部《とうぶ》には歯《は》が「8」の字《じ》のように並《なら》び、歯の両脇《りょうわき》には「ヒゲ」があるとされました。なんとも変《か》わった姿のその動物《どうぶつ》は、「オドントグリフス」と名付《なづ》けられ、「触手《しょくしゅ》冠動物《かんどうぶつ》」という聞《き》きなれないグルー

オドントグリフス

かつては水中《すいちゅう》をヒラヒラと泳《およ》ぐ不可思議動物《ふかしぎどうぶつ》とされていたが、近年《きんねん》の研究《けんきゅう》でその正体《しょうたい》が明《あき》らかになった。

- **名前《なまえ》**：オドントグリフス
- **学名《がくめい》**：*Odontogriphus*
- **全長《ぜんちょう》**：12.5㎝
- **化石《かせき》の産地《さんち》**：カナダ
- **生《い》きていた時代《じだい》**：古生代《こせいだい》カンブリア紀《き》
- **分類《ぶんるい》**：軟体動物《なんたいどうぶつ》

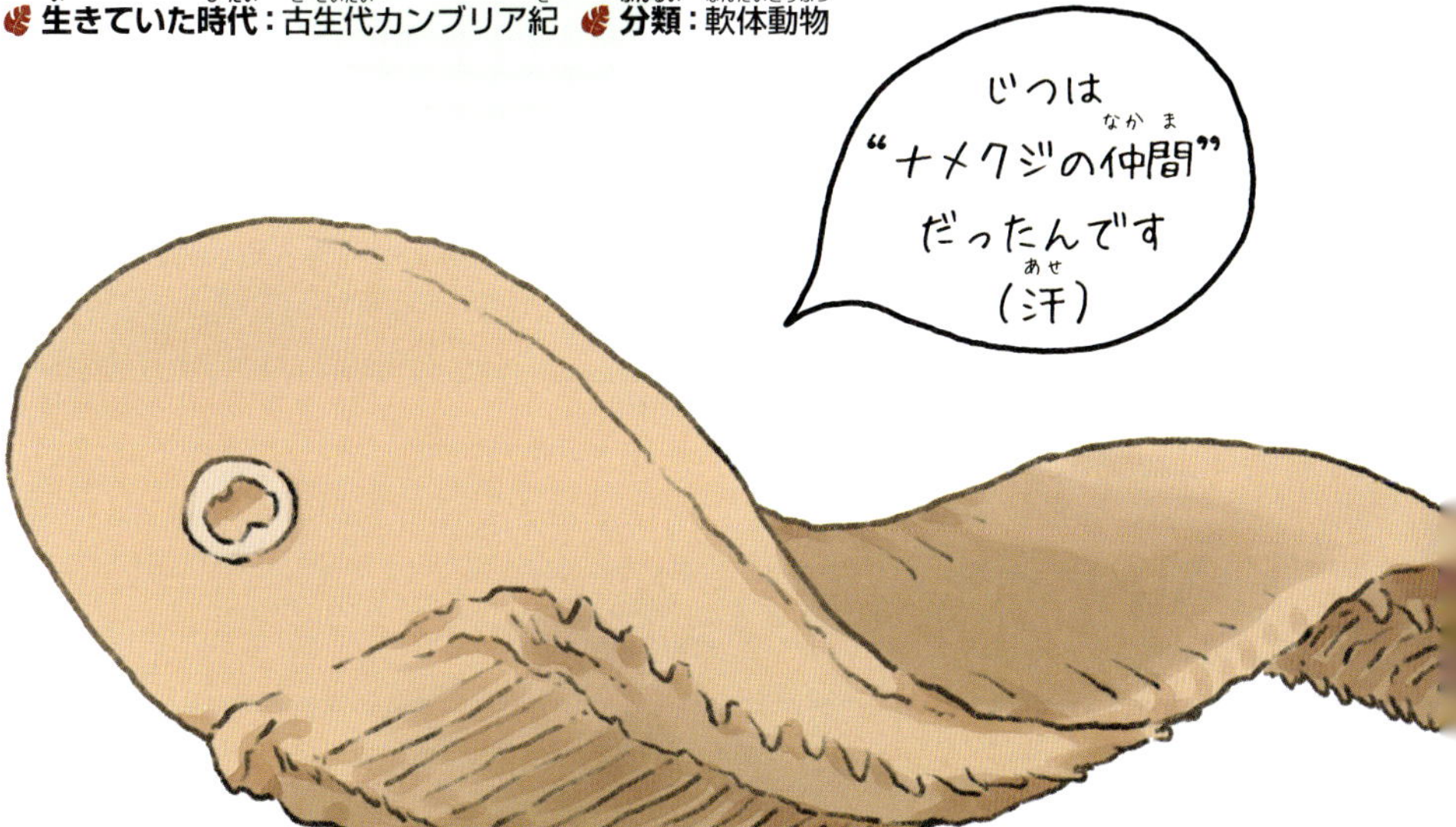

［2006年版］

プに分類《ぶんるい》されました。

しかし、2006年の再研究《さいけんきゅう》によって、この動物は、海底《かいてい》を這《は》うナメクジのような動物に復元《ふくげん》が修正《しゅうせい》されました。「節のようなつくり」と思《おも》われていたのは、「シワ」にすぎず、「ヒゲ」は「唾液腺《だえきせん》」。歯は「歯舌《しぜつ》」という、軟体動物特有《なんたいどうぶつとくゆう》の器官《きかん》であると判明《はんめい》したのです。もはや、「一反木綿」と形容《けいよう》できるような謎《なぞ》の動物ではなくなりました。

豆知識《まめちしき》

1976年、本種《ほんしゅ》の化石は、この産地《さんち》でもっとも希少《きしょう》でした。その後《ご》、大量《たいりょう》に化石が見つかり、2006年のときは189個体分《こたいぶん》の化石が研究対《たい》象《しょう》となりました。

ワクワクこぼれ噺《はなし》：学名《がくめい》の意味《いみ》は、「歯《は》の生えた謎」です。

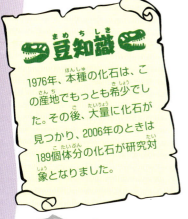

国民的古生物《こくみんてきこせいぶつ》ですが……
じつは謎《なぞ》だらけなクビナガリュウ類《るい》

フタバスズキリュウ

- **名前《なまえ》**：フタバサウルス・スズキイ
- **学名《がくめい》**：*Futabasaurus suzukii*
- **全長《ぜんちょう》**：9.2m
- **化石《かせき》の産地《さんち》**：日本《にほん》
- **生《い》きていた時代《じだい》**：中生代白亜紀《ちゅうせいだいはくあき》
- **分類《ぶんるい》**：爬虫類《はちゅうるい》 鰭竜類《きりゅうるい》 クビナガリュウ類《るい》

「フタバスズキリュウ」の和名《わめい》で知《し》られている、クビナガリュウ類《るい》です。あるいは、映画《えいが》『ドラえもん のび太《た》の恐竜《きょうりゅう》』に登場《とうじょう》する「ピー助《すけ》」のモデルといった方《ほう》が有名《ゆうめい》かもしれません。

知名度抜群《ちめいどばつぐん》の古生物《こせいぶつ》ですし、そもそも、「クビナガリュウ類」という言葉自体《ことばじたい》、フタバスズキリュウの発《はっ》見《けん》にともなってつくられたものです。しかし、クビナガリュウ類はグループ全体《ぜんたい》に謎《なぞ》があります。なぜ、首《くび》が長《なが》いのかがよくわかっていないのです。

陸上《りくじょう》の動物《どうぶつ》であれば、高《たか》いところの食物《しょくもつ》をとることができる利点《りてん》があります。しかし、3次元的《じげんてき》に動《うご》き回《まわ》ることができる水中《すいちゅう》で首が長い理由《りゆう》は何《なん》だったのでしょうか?

ワクワクこぼれ噺《はなし》：かつては「長頸竜類《ちょうけいりゅうるい》」や「蛇頸竜類《だけいりゅうるい》」と呼《よ》ばれていました。

クビナガリュウなのに首短《くびみじか》っ！ 海《うみ》の中《なか》では覇者《はしゃ》だった!?

プリオサウルス

- **名前《なまえ》**：プリオサウルス
- **全長《ぜんちょう》**：13m
- **生《い》きていた時代《じだい》**：中生代《ちゅうせいだい》ジュラ紀《き》〜白亜紀《はくあき》
- **学名《がくめい》**：*Pliosaurus*
- **化石《かせき》の産地《さんち》**：イギリス、フランス、アルゼンチンほか
- **分類《ぶんるい》**：爬虫類《はちゅうるい》 クビナガリュウ類《るい》

プリオサウルスは、大《おお》きな頭部《とうぶ》と力強《ちからづよ》い顎《あご》、がっしりとした歯《は》をもっていました。海《うみ》の生態系《せいたいけい》のトップに君臨《くんりん》する覇者《はしゃ》だったとみられています。

こう見《み》えても、クビナガリュウ類です。しかし、首が短《みじか》いので、俗《ぞく》に「首の短いクビナガリュウ類」と呼《よ》ばれています。フタバスズキリュウ（58ページ）のような〝首の長いクビナガリュウ類〟とは似《に》ていないように見えますが、「首の付《つ》け根《ね》から口先《くちさき》までの長さ」が「尾《お》の長さ」よりも長いという共通点《きょうつうてん》があります（学術的《がくじゅつてき》にはもっと詳《くわ》しい共通点があります）。ちなみに、クビナガリュウ類というグループ名《めい》は日本《にほん》固有《こゆう》のもので、英語《えいご》の「*Plesiosauria*」は「トカゲに近《ちか》い」という意味《いみ》です。

ワクワクこぼれ噺《はなし》：首の短いクビナガリュウ類は、ほかにもいくつかいました。

一時期《いちじき》は大陸《たいりく》の覇者《はしゃ》に！ まさか!?

四足歩行《しそくほこう》のティラノサウルス？

ヤツとは顔《かお》が似《に》てるだけだ

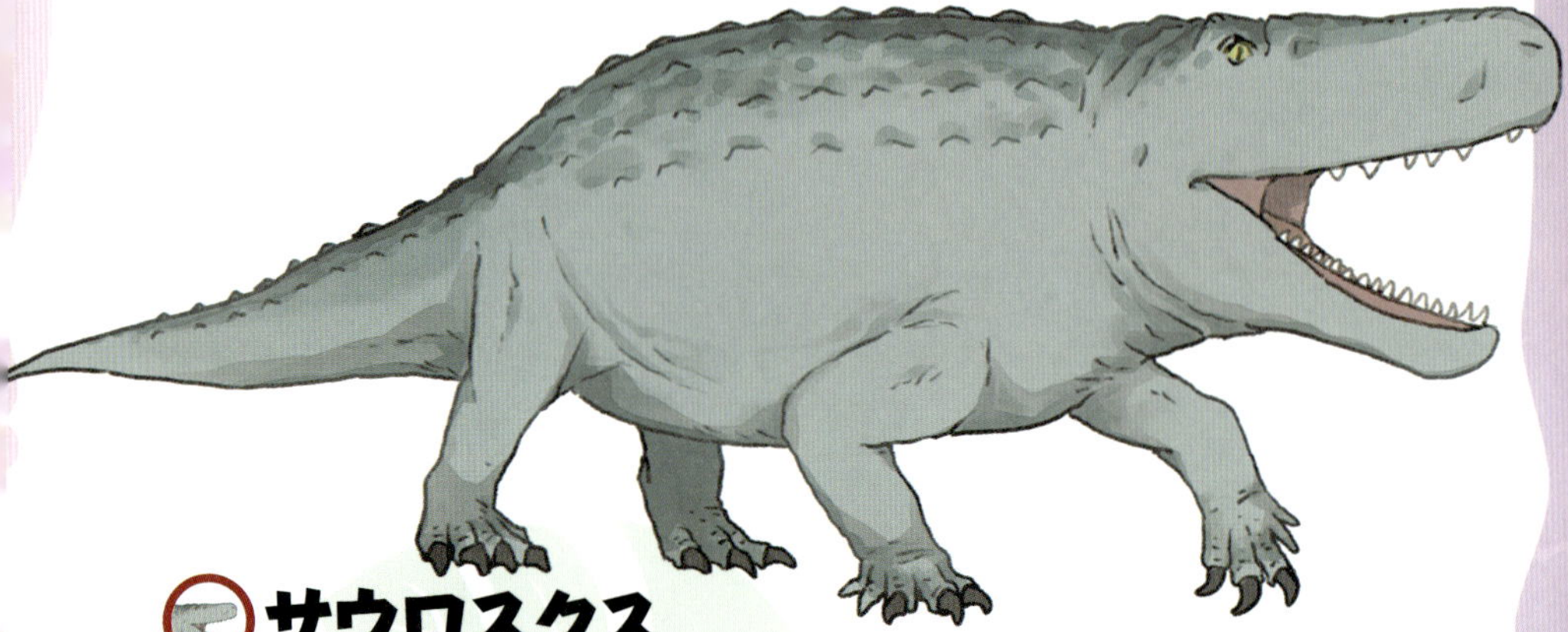

サウロスクス

- **名前《なまえ》**：サウロスクス
- **全長《ぜんちょう》**：5m
- **生《い》きていた時代《じだい》**：中生代三畳紀《ちゅうせいだいさんじょうき》
- **学名《がくめい》**：*Saurosuchus*
- **化石《かせき》の産地《さんち》**：アルゼンチン、アメリカ
- **分類《ぶんるい》**：爬虫類《はちゅうるい》　偽鰐類《ぎがくるい》

長《なが》さ70㎝を超《こ》える、巨大《きょだい》な頭骨《とうこつ》をもつ爬虫類《はちゅうるい》です。がっしりとした顎《あご》に、太《ふと》くて鋭《するど》い歯《は》が並《なら》ぶその顔《かお》は、ティラノサウルス（14ページ）にとてもよく似《に》ています。

しかし、サウロスクスは、ティラノサウルスではありませんし、それどころか、恐竜類《きょうりゅうるい》でさえもないのです。「偽鰐類《ぎがくるい》」という、恐竜類よりもワニ類に近縁《きんえん》のグループに属《ぞく》しています。

暮《く》らしていた時代《じだい》は、恐竜時代の黎明期《れいめいき》にあたる中生代三畳紀《ちゅうせいだいさんじょうき》。この時代の恐竜類には、まだ〝覇者《はしゃ》クラス〟の大型肉食種《おおがたにくしょくしゅ》はおらず、偽鰐類の大型種が生態系《せいたいけい》の頂点《ちょうてん》に君臨《くんりん》していました。サウロスクスはそんな大型肉食種の代表種《だいひょうしゅ》なのです。

ワクワクこぼれ噺《はなし》： 全長《ぜんちょう》に占《し》める頭骨の割合《わりあい》は、ティラノサウルスとほぼ同《おな》じ。

かつて哺《ほ》乳《にゅう》類《るい》と争《あらそ》った？ イカつい 飛《と》べない鳥《ちょう》類《るい》

ガストルニス

- **名前《なまえ》**：ガストルニス
- **学名《がくめい》**：*Gastornis*
- **体高《たいこう》**：2m
- **化石《かせき》の産地《さんち》**：フランス、ドイツ、アメリカ
- **生《い》きていた時代《じだい》**：新生代古第三紀《しんせいだいこだいさんき》
- **分類《ぶんるい》**：鳥類《ちょうるい》 ガストルニス類《るい》

今《いま》から6600万年前《まんねんまえ》に、鳥類《ちょうるい》をのぞく恐竜類が絶滅《ぜつめつ》し、「恐竜時代」と呼《よ》ばれた「中生代」が終《お》わりました。そして、新《あら》たに始《はじ》まった「新生《しんせい》代《だい》」では、大絶滅《だいぜつめつ》をくぐり抜《ぬ》けた哺《ほ》乳類《にゅうるい》と鳥類の生存競争《せいぞんきょうそう》が繰《く》り広《ひろ》げられることになりました。

ガストルニスは、そんな新生代初《しょ》期《き》の代表的《てき》な鳥類です。大《おお》きなクチバシと太い脚《あし》、小《ちい》さな翼《つばさ》がトレードマーク。ひと目《め》見《み》てわかるように、飛《と》ぶことのできない鳥類でした。

「生存競争」とはいっても、ガストルニスが直接《ちょくせつ》哺乳類を襲《おそ》っていたわけではないようです。ガストルニスは植物食性《しょくぶつしょくせい》だったとみられており、限《かぎ》りある植物資源《しょくぶつしげん》をめぐって、哺乳類と争《あらそ》っていたとされています。

ワクワクこぼれ噺《はなし》：かつて、「ディアトリマ」と呼ばれた絶滅鳥類も同種《どうしゅ》です。

その翼《つばさ》は何《なん》のために!? 巨大《きょだい》すぎて飛《と》べない？

ケツァルコアトルス

- **名前《なまえ》**：ケツァルコアトルス
- **学名《がくめい》**：*Quetzalcoatlus*
- **翼開長《よくかいちょう》**：12m
- **化石《かせき》の産地《さんち》**：アメリカ
- **生《い》きていた時代《じだい》**：中生代《ちゅうせいだい》白亜紀《はくあき》
- **分類《ぶんるい》**：翼竜類《よくりゅうるい》

史上最大級《しじょうさいだいきゅう》の翼竜類《よくりゅうるい》です。現在《げんざい》の地球《ちきゅう》で最大《さいだい》の飛行動物《ひこうどうぶつ》が、翼開長《よくかいちょう》3・5mほどのワタリアホウドリなので、そのおよそ3倍《ばい》もの大《おお》きさがあったことになります。これは、小《こ》型《がた》飛行機並《ひこうきな》みの巨体《きょたい》です。

ケツァルコアトルスをめぐる大きな謎《なぞ》の1つが、果《は》たして空《そら》を飛《と》ぶことができたのかどうか、というものです。これほどの巨体にもかかわらず飛翔《ひしょう》できたのか？

結論《けつろん》を先《さき》に書《か》いてしまうと、この謎には答《こた》えが出《で》ていません。あまりにも巨体すぎて空を飛べず、地上《ちじょう》を歩《ある》いて小型《こがた》の恐竜《きょうりゅう》などを狩《か》っていたという説《せつ》もあれば、風《かぜ》をうまく捕《つか》まえて空を飛ぶことができたという説もあります。

ワクワクこぼれ噺《はなし》：姿《すがた》が復元《ふくげん》されている翼竜類としては、最大種《さいだいしゅ》の1つです。

まるでヨット!
そのトサカの使《つか》い道《みち》は?

ツパンダクティルス

- **名前《なまえ》**:ツパンダクティルス
- **学名《がくめい》**:*Tupandactylus*
- **翼開長《よくかいちょう》**:3m
- **化石《かせき》の産地《さんち》**:ブラジル
- **生《い》きていた時代《じだい》**:中生代白亜紀《ちゅうせいだいはくあき》
- **分類《ぶんるい》**:翼竜類《よくりゅうるい》

〝フルネーム〟では、「ツパンダクティルス・インペラトール」と言《い》います。「インペラトール」とは「皇帝《こうてい》」のこと。その名《な》にふさわしく(?)、後頭部《こうとうぶ》に高《たか》さ50㎝もの巨大《きょだい》なトサカをもっていました。

このトサカは上下《じょうげ》を細《ほそ》い骨《ほね》で支《ささ》えられ、その間《あいだ》に皮膜《ひまく》が張《は》られていたことがわかっています。まるで、ヨットの帆《ほ》のようなつくりだったのです。これほど大きなトサカをもつ翼竜は、ほかには見《み》つかっていません。

いったい何《なん》のためのトサカだったのか? 飛行の邪魔《じゃま》ではなかったのか? 突風《とっぷう》を横《よこ》から受《う》けると、ともすれば首《くび》を痛《いた》めてしまいそうです。しかし、トサカの役割《やくわり》については、ほとんど何《なに》もわかっていません。

ワクワクこぼれ噺《はなし》: 近縁種《きんえんしゅ》をみると成長《せいちょう》に伴《ともな》ってトサカは大きくなるようです。

恐竜博士《きょうりゅうはかせ》もびっくり!? 実《じつ》は「尾《お》ビレ」があった!

[新復元《しんふくげん》]

モササウルス類《るい》は、かつて、「海《うみ》のオオトカゲ」と呼《よ》ばれていました。この言葉《ことば》が意味《いみ》していたのは、手足《てあし》がヒレ状《じょう》になっていて、その長《なが》い尾《お》は先端《せんたん》にいくほど細《ほそ》くなっているという姿《すがた》です。長《なが》いからだをくねらせながら、悠然《ゆうぜん》と泳《およ》ぐ海棲爬虫類《かいせいはちゅうるい》であると考《かんが》えられていたのです。

しかし、2010年《ねん》、日本人研究《にほんじんけんきゅう》者《しゃ》を含《ふく》むチームが、プラテカルプスの化石《かせき》を詳細《しょうさい》に分析《ぶんせき》した結果《けっか》を発表《はっぴょう》したことで、この伝統的《でんとうてき》な復元図《ふくげんず》は変更《へんこう》を迫《せま》られることになりました。尾《お》の先《さき》に尾ビレがあった可能性《かのうせい》が高《たか》いことがわかったのです。

「尾ビレがある」ということは、単《たん》純《じゅん》に姿が変《か》わるというだけの話《はなし》ではありません。尾ビレを使《つか》うことで、

[従来《じゅうらい》のモササウルス]

プラテカルプス

映画《えいが》『ジュラシック・ワールド』で、「ジュラシック・パーク」シリーズデビューを果《は》たしたモササウルス類《るい》。かつては、「海《うみ》のオオトカゲ」と言《い》われていたが……。

- **名前《なまえ》**：プラテカルプス
- **全長《ぜんちょう》**：7m
- **生《い》きていた時代《じだい》**：中生代白亜紀《ちゅうせいだいはくあき》
- **学名《がくめい》**：*Platecarpus*
- **化石《かせき》の産地《さんち》**：アメリカ、スウェーデン、モロッコほか
- **分類《ぶんるい》**：爬虫類《はちゅうるい》 モササウルス類《るい》

速《はや》く、そして長距離《ちょうきょり》を泳ぐことができたことを意味しています。それは、「悠然と泳ぐ」と言《い》われていた従来《じゅうらい》のイメージを一新《いっしん》する新解釈《しんかいしゃく》でした。もはや、単純な「海のオオトカゲ」ではないのです。

モササウルス類は、およそ1億年《おくねん》前《まえ》の白亜紀《はくあき》半《なか》ばに登場《とうじょう》し、その後《ご》、瞬《またた》く間《ま》に多様化《たようか》します。10m超級《ちょうきゅう》の大型種《おおがたしゅ》も登場《とうじょう》しました。そんな彼《かれ》らの復元が、今《いま》、変更を迫られています。

豆知識《まめちしき》

2010年の研究では、骨《ほね》の分析《ぶんせき》から尾ビレの可能性が指摘《してき》されただけでしたが、のちに実際《じっさい》に尾ビレの痕跡《こんせき》が残《のこ》ったモササウルス類の化石も発見《はっけん》されました。

ワクワクこぼれ噺《はなし》：新復元の遊泳能力《ゆうえいのうりょく》は、遠洋性《えんようせい》のサメ類と同等《どうとう》とされます。

ワニなのに立《た》って歩《ある》いた!?

プロトスクス

- 名前《なまえ》：プロトスクス
- 全長《ぜんちょう》：1m
- 生《い》きていた時代《じだい》：中生代《ちゅうせいだい》ジュラ紀《き》
- 学名《がくめい》：*Protosuchus*
- 化石《かせき》の産地《さんち》：カナダ、アメリカ、南《みなみ》アフリカほか
- 分類《ぶんるい》：爬虫類《はちゅうるい》 ワニ形類《けいるい》

現生《げんせい》のワニ類《るい》は、四肢《しし》（前脚《まえあし》と後《うし》ろ脚）がまず左右《さゆう》に伸《の》びていて、這《は》うようにからだをくねらせながら歩《ある》きます。そんなワニ類の祖先《そせん》に近《ちか》いとみられているプロトスクスの四肢は、からだの下《した》に向《む》かってまっすぐに伸びていました。この脚のつき方《かた》は、哺乳類《ほにゅうるい》や恐竜類《きょうりゅうるい》と同《おな》じです。そのため、哺乳類などのように、颯爽《さっそう》と陸地《りくち》を歩き回《まわ》ることができました。

また、現生ワニ類の背中《せなか》には、6列《れつ》のうろこが並《なら》んでいます。しかし、プロトスクスの背中には、2列しかうろこがありませんでした。そのため、現生ワニ類ほどの防御力《ぼうぎょりょく》はなく、〝ゴツさ〟があまりありません。脚のつきかたとあわせて、どことなくスマートな爬虫類《はちゅうるい》なのです。

ワクワクこぼれ噺《はなし》： ワニは進化《しんか》するにつれて、ウロコの列を増《ふ》やしました。

ワニなのに足《あし》はヒレだし尾《お》ビレ付《つ》き！

メトリオリンクス

- **名前《なまえ》**：メトリオリンクス
- **全長《ぜんちょう》**：3m
- **生《い》きていた時代《じだい》**：中生代《ちゅうせいだい》ジュラ紀《き》
- **学名《がくめい》**：*Metriorhynchus*
- **化石《かせき》の産地《さんち》**：イギリス、フランス、チリほか
- **分類《ぶんるい》**：爬虫類《はちゅうるい》 ワニ形類《けいるい》

ワニといえば、半陸半水《はんりくはんすい》の生態《せいたい》で水辺《みずべ》の王者《おうじゃ》！ そのイメージは間違《まちが》いではありません。しかし、過去《かこ》には水辺にとどまらず、海《うみ》で生活《せいかつ》していたワニがいくつもいました。そうしたワニの代表《だいひょう》ともいえる存在《そんざい》が、このメトリオリンクスです。

見《み》てください、この水中仕様《すいちゅうしよう》。

まず、目《め》を引《ひ》くのは大《おお》きな尾《お》ビレがあることです。そして、四肢もヒレとなっています。いずれも、水中暮《ぐ》らしには便利《べんり》な特徴《とくちょう》です。

さらに、背中には現生ワニ類がもつようなうろこがありません。たった1列でさえもないのです。防御力は下《さ》がりますが、からだの柔軟性《じゅうなんせい》が増《ま》し、泳《およ》ぐ際《さい》により効率的《こうりつてき》にからだをくねらせることができました。

ワクワクこぼれ噺《はなし》：細《ほそ》い口先《くちさき》にも、水《みず》の抵抗《ていこう》を減《へ》らす役割《やくわり》がありました。

とにかく長《なが》い巨大《きょだい》ワニ 成長期《せいちょうき》は35年間《ねんかん》!?

デイノスクス

- **名前《なまえ》**：デイノスクス
- **全長《ぜんちょう》**：12m
- **生《い》きていた時代《じだい》**：中生代白《ちゅうせいだいはく》亜《あ》紀《き》〜新第三《しんだいさん》紀《き》？
- **学名《がくめい》**：*Deinosuchus*
- **化石《かせき》の産地《さんち》**：アメリカ、メキシコ
- **分類《ぶんるい》**：爬《は》虫類《ちゅうるい》 ワニ形類《けいるい》 正鰐類《せいがくるい》

どことなく、現生《げんせい》ワニ類《るい》のアリゲーターを彷彿《ほうふつ》とさせる姿《すがた》をしています。しかし、似《に》ているのは〝姿〟だけ。現生のアリゲーターの全長《ぜんちょう》が6mほどであるのに対《たい》して、デイノスクスはその倍《ばい》ほどもの長《なが》さがありました。肉食恐竜《にくしょくきょうりゅう》の王者《おうじゃ》として知《し》られるティラノサウルス（14ページ）と、〝長さ〟という面《めん》ではほぼ同《おな》じサイズなのです。恐竜時代《きょうりゅうじだい》のアメリカ大《たい》陸《りく》の水辺《みずべ》に暮《く》らし、恐竜《きょうりゅう》さえも獲物《えもの》にしていたとみられています。

寿命《じゅみょう》はじつに50年《ねん》を超《こ》えたとされ、そのうちの35年間《ねんかん》は成長期《せいちょうき》にあったと考《かんが》えられています。しかも、成長期を終《お》えたのちも、ゆっくりと成長を続《つづ》けていました。うらやましいような、うらやましくないようなワニです。

ワクワクこぼれ噺《はなし》： 噛《か》む力《ちから》も強《つよ》く、たいていの獲物はサクッといけたようです。

背中《せなか》が平《たい》ら！「龍《りゅう》のモデル」とされる巨大《きょだい》ワニ

マチカネワニ

- **名前《なまえ》**：トヨタマフィメイア・マチカネンシス
- **全長《ぜんちょう》**：7.7m
- **生《い》きていた時代《じだい》**：新生代第四紀《しんせいだいだいよんき》
- **学名《がくめい》**：*Toyotamaphimeia machikanensis*
- **化石《かせき》の産地《さんち》**：日本《にほん》
- **分類《ぶんるい》**：爬虫類《はちゅうるい》 ワニ形類《けいるい》 正鰐類《せいがくるい》

約《やく》40万年前《まんねんまえ》の大阪《おおさか》に棲《す》んでいました。口先《くちさき》が細長《ほそなが》い大型《おおがた》のワニです。背中《せなか》のウロコに突起《とっき》がないため、クロコダイルなどの現生ワニ類と比《くら》べると、背中が平《たい》らに見《み》えます。

大阪大学構内《だいがくこうない》の待兼山《まちかねやま》から化石《かせき》が見つかっていて、通称《つうしょう》の「マチカネワニ」はその産地《さんち》に由来《ゆらい》します。

学名《がくめい》の「*Toyotamaphimeia machikanensis*」の名付《なづ》け親《おや》でもあるワニ研《けん》究者《きゅうしゃ》は、本種《ほんしゅ》のような大型のワニが、かつて大昔《おおむかし》の中国《ちゅうごく》にも生《い》きていて、「龍《りゅう》」のモデルになったのではないか、と予想《よそう》しています。全長8m近《ちか》くにおよぶ大《おお》きなからだは、たしかに龍と見間違《みまちが》えてもおかしくないかもしれません。

ワクワクこぼれ噺《はなし》：学名は化石産地《さんち》と『古事記《こじき》』に登場《とうじょう》する、ワニの化身《けしん》に由来。

ワニっぽいクジラ!?
そしてモジャモジャ?

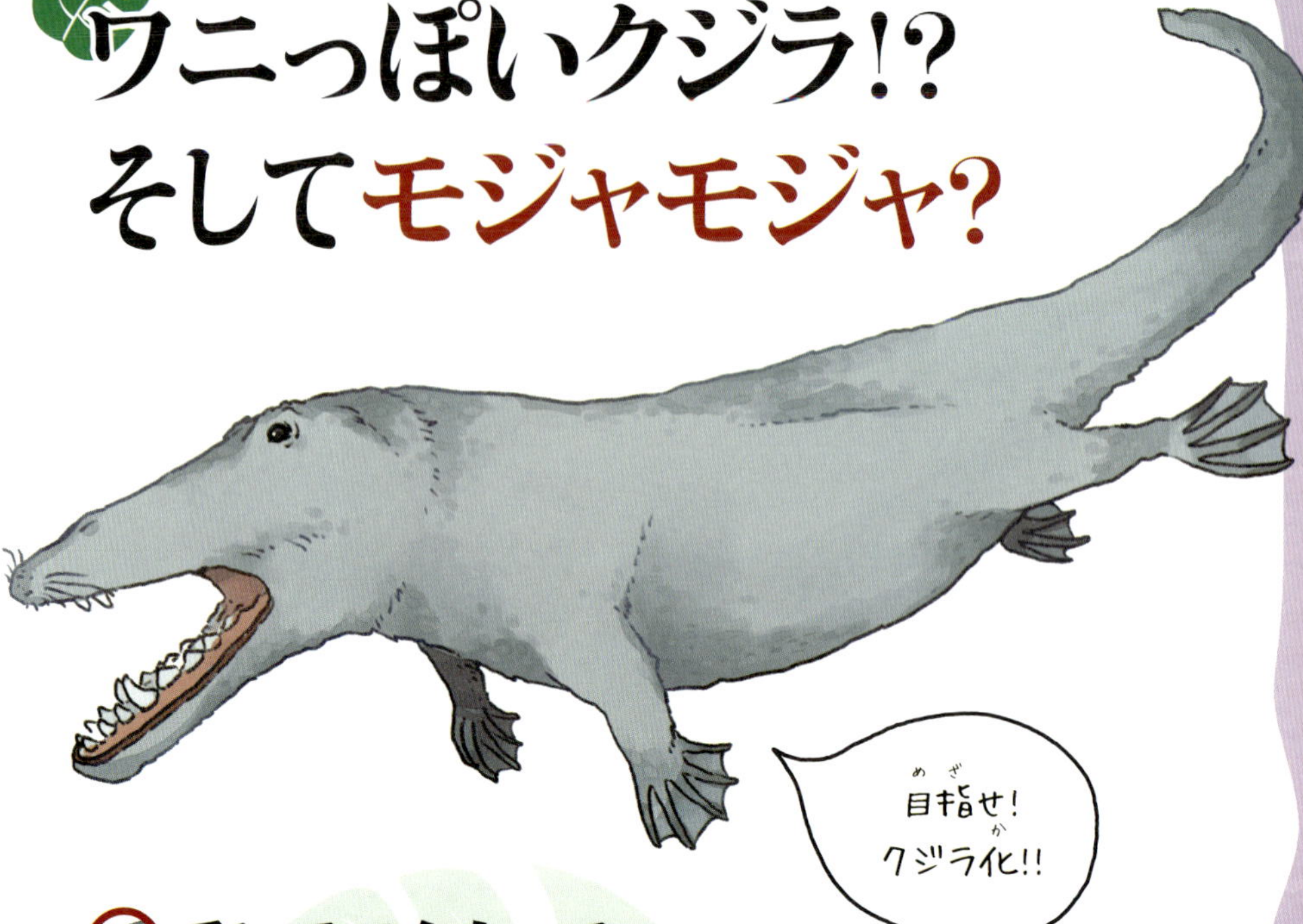

アンブロケトゥス

- **名前《なまえ》**：アンブロケトゥス
- **全長《ぜんちょう》**：3.5m
- **生《い》きていた時代《じだい》**：新生代《しんせいだい》古《こ》第三紀《だいさんき》
- **学名《がくめい》**：*Ambulocetus*
- **化石《かせき》の産地《さんち》**：パキスタン
- **分類《ぶんるい》**：哺乳類《ほにゅうるい》 鯨偶蹄類《くじらぐうているい》 ムカシクジラ類《るい》

　長《なが》い鼻先《はなさき》、高《たか》い眼《め》の位置《いち》、短《みじか》い手足《てあし》、長い尾《お》などの特徴《とくちょう》は、まるで現生《げんせい》のワニ類《るい》のよう。しかし、アンブロケトゥスはクジラの仲間《なかま》（正《ただ》しくはムカシクジラ類《るい》）です。いくらワニ類に似《に》ていても、哺乳類《ほにゅうるい》。ある程度《ていど》の長さのある毛《け》があったとみられています。

　かつて、クジラの祖先《そせん》は陸《りく》にいました（137ページ）。およそ5000万年前《まんねんまえ》に水中《すいちゅう》へと進出《しんしゅつ》したのです。アンブロケトゥスは、まさにその〝水中進出の途中《とちゅう》〟に出現《しゅつげん》したとされる動物《どうぶつ》です。海《うみ》の浅瀬《あさせ》で暮《く》らしながら、ときには川《かわ》にもやってきたかもしれません。あるいは、成長《せいちょう》にともなって川《かわ》から海へ暮らす場所《ばしょ》を変《か》えた可能性《かのうせい》もあるでしょう。

ワクワクこぼれ噺《はなし》：アンブロケトゥスは完全《かんぜん》な水棲《すいせい》だったともいわれています。

なぜ、そこに？ 腹側《はらがわ》だけに甲羅《こうら》のあるカメ

背中《せなか》よりも
お腹《なか》が大事《だいじ》？

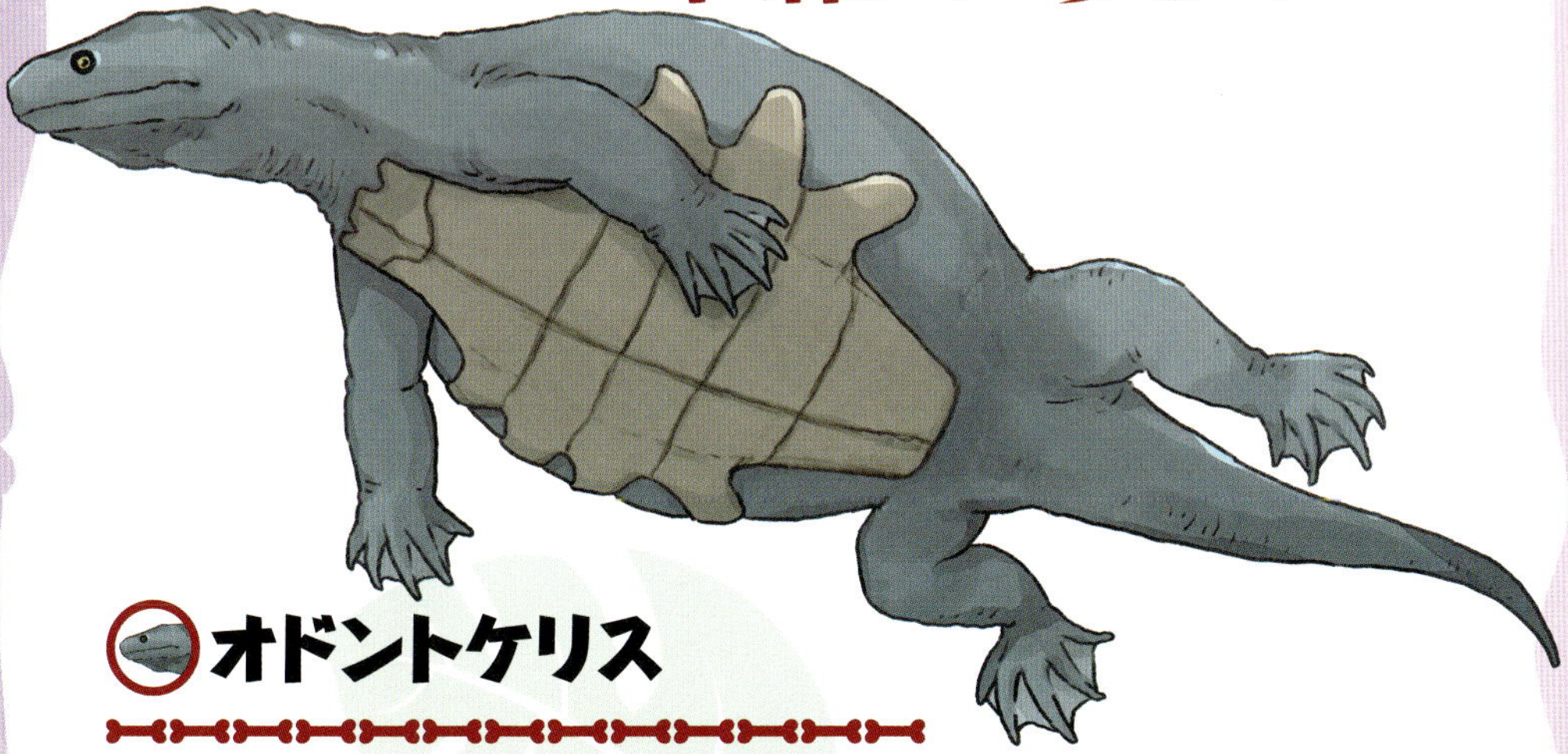

オドントケリス

名前《なまえ》：オドントケリス
学名《がくめい》：*Odontochelys*
甲長《こうちょう》：18cm
化石《かせき》の産地《さんち》：中国《ちゅうごく》
生《い》きていた時代《じだい》：中生代三畳紀《ちゅうせいだいさんじょうき》
分類《ぶんるい》：爬虫類《はちゅうるい》 カメ類《るい》

最初期《さいしょき》のカメ類《るい》の1つです。腹側《はらがわ》だけに甲羅《こうら》があり、背中側《せなかがわ》は皮膚《ひふ》がむき出《だ》しになっているという、独特《どくとく》の特徴《とくちょう》がありました。

甲羅以外《いがい》にも、口《くち》に歯《は》が並《なら》んでいたり、手足にはっきりとした指《ゆび》の骨《ほね》が確認《かくにん》できるなどの特徴があります（現在《げんざい》のカメの口はクチバシであり、歯はありません）。当初《とうじ》、この化石《かせき》は海の地層《ちそう》から発見《はっけん》されたため、海で暮らしていたと発表《はっぴょう》されました。しかし、手足の特徴や、最初期のほかのカメ類がみな〝陸上仕様《りくじょうしよう》〟であることなどから、オドントケリスも陸上生活者《せいかつしゃ》だったのではないか、との指摘《してき》もあります。

甲羅といい、その生活場所といい、謎《なぞ》の多《おお》いカメです。

ワクワクこぼれ噺《はなし》：進化《しんか》の“本筋《ほんすじ》”から外《はず》れた異端児《いたんじ》だったのかもしれません。

古《こ》生《せい》物《ぶつ》界《かい》のプレデターにして伝説《でんせつ》の怪物《かいぶつ》の名《な》をもつクジラ

リヴィアタン

- **名前《なまえ》**：リヴィアタン
- **学名《がくめい》**：*Livyatan*
- **全長《ぜんちょう》**：17.5m
- **化石《かせき》の産地《さんち》**：ペルー
- **生《い》きていた時代《じだい》**：新生代新第三紀《しんせいだいしんだいさんき》
- **分類《ぶんるい》**：哺乳類《ほにゅうるい》 ハクジラ類《るい》 マッコウクジラ類《るい》

「リヴァイアサン」といえば、ファンタジー小説《しょうせつ》やゲームの世界《せかい》でおなじみの〝海《うみ》の怪物《かいぶつ》〟です。

本種《ほんしゅ》は、そんな怪物にちなむ名《な》をもつ巨大《きょだい》なハクジラ類《るい》です。見《み》つかっているのは頭骨《とうこつ》だけですが、その頭骨だけでも長《なが》さ3m、幅《はば》1・9mもありました。全長《ぜんちょう》は17・5mと推測《すいそく》され、これは現生《げんせい》のマッコウクジラとほぼ同《おな》じです。

実際《じっさい》、マッコウクジラの近縁《きんえん》とみられていますが、決定的《けっていてき》な違《ちが》いがあります。マッコウクジラは上顎《うわあご》に歯《は》がありませんが、リヴィアタンは上《じょう》下《げ》の顎に太《ふと》い歯が並《なら》んでいたのです。口周《くちまわ》りは、まさに〝頂点捕食者《トッププレデター》〟のそれでした。その名に恥《は》じない〝怪物〟だったのです。

ワクワクこぼれ噺《はなし》：ヒゲクジラ類のような大型種《おおがたしゅ》も獲物《えもの》としていたようです。

全身凶器《ぜんしんきょうき》のトゲトゲ魚《さかな》は誰《だれ》とも仲良《なかよ》くできない？

クリマティウス

- 名前《なまえ》：クリマティウス
- 全長《ぜんちょう》：15cm
- 生《い》きていた時代《じだい》：古生代《こせいだい》シルル紀《き》〜デボン紀《き》
- 学名《がくめい》：*Climatius*
- 化石《かせき》の産地《さんち》：カナダ、イギリス、エストニアなど
- 分類《ぶんるい》：棘魚類《きょくぎょるい》

今《いま》から3億《おく》5000万年《まんねん》以上前《いじょうまえ》の海に、「棘魚類《きょくぎょるい》」という魚《さかな》のグループがいました。「棘《とげ》」のある「魚」という文字《もじ》のとおり、このグループの魚たちは、ヒレの前側《まえがわ》の縁《ふち》にトゲをもっていました。

クリマティウスは、棘魚類のなかでは原始的《げんしてき》な種類《しゅるい》です。棘魚類としては例外的《れいがいてき》に、トゲはヒレの縁にあるのではなく、ヒレ自体《じたい》がトゲになっていました。背《せ》ビレ、胸《むね》ビレ、尻《しり》ビレといった、尾《お》ビレ以外《いがい》の大《おお》きなヒレはすべてトゲになっていましたし、腹側《はらがわ》には小《らい》さなトゲのヒレが、合計《ごうけい》5対《つい》10枚《まい》も並《なら》んでいたのです。

クリマティウスを食《た》べようとした魚《さかな》は、トゲを避《よ》けるのが大変《たいへん》だったかもしれませんね。

ワクワクこぼれ噺《はなし》：生命《せいめい》の歴史《れきし》のなかで、もっとも初期《しょき》に顎をもった魚の1つです。

頭胸部《とうきょうぶ》から下《した》は謎《なぞ》！

古生代《こせいだい》最大《さいだい》・最強《さいきょう》の魚《さかな》

ダンクルオステウス

- **名前《なまえ》**：ダンクルオステウス
- **全長《ぜんちょう》**：8m?
- **生《い》きていた時代《じだい》**：古生代《こせいだい》デボン紀《き》
- **学名《がくめい》**：*Dunkleosteus*
- **化石《かせき》の産地《さんち》**：モロッコ、アメリカ
- **分類《ぶんるい》**：板皮類《ばんぴるい》 節頸類《せっけいるい》

古生代《こせいだい》約《やく》3億年《おくねん》の歴史《れきし》の中《なか》で、最《さい》大《だい》・最強《さいきょう》の魚《さかな》として知《し》られる存在《そんざい》が、ダンクルオステウスです。

甲冑《かっちゅう》の兜《かぶと》のように、頭部《とうぶ》と胸部《きょうぶ》を骨《ほね》が覆《おお》っています。歯《は》のように見《み》える口《くち》の先端部《せんたんぶ》は歯《は》ではなく、頭骨《とうこつ》の一部《いちぶ》が薄《うす》く鋭《するど》く特殊化《とくしゅか》したものです。このつくりを備《そな》えたダンクルオステウスの口は、噛《か》む力《ちから》がとても強《つよ》く、古生代の魚の仲間《なかま》では並《なら》ぶものがいない、とされています。

ただし、化石《かせき》が見《み》つかっているのは頭胸部《とうきょうぶ》の〝甲冑部分《かっちゅうぶぶん》〟だけです。その部分化石を見るだけで、おそらく「古生代最大サイズ」だったことは推測《すいそく》できるのですが、具体的《ぐたいてき》な数《すう》字《じ》はよくわかっていません。頭胸部以外《いがい》は、その形《かたち》さえも謎《なぞ》なのです。

ワクワクこぼれ噺《はなし》：噛む力は、ホホジロザメの約《やく》1.7倍《ばい》と推測されています。

超《ちょう》巨《きょ》大《だい》ザメの正体《しょうたい》はただ歯《は》が巨大《きょだい》なだけ…!?

メガロドン

- **名前《なまえ》**：メガロドン（通称《つうしょう》）
- **全長《ぜんちょう》**：16m〜20m？
- **生《い》きていた時代《じだい》**：新生代古第三紀《しんせいだいこだいさんき》〜新第三紀《しんだいさんき》
- **学名《がくめい》**：本文参照《ほんぶんさんしょう》
- **化石《かせき》の産地《さんち》**：世界各地《せかいかくち》
- **分類《ぶんるい》**：新生板鰓類《しんせいばんさいるい》

高《たか》さ15㎝を超《こ》える大《おお》きな歯をもつサメです。「史上最大《しじょうさいだい》のサメ」として知られており、その化石は世界中《せかいじゅう》で見つかっています。

メガロドンは「史上最大のサメ」ですが、「どの程度巨大《ていどきょだい》だったのか」がよくわかっていません。全長値《ぜんちょうち》は、16ｍとも、20ｍともいわれています。化石からサメであることは確《たし》かなのですが、全身《ぜんしん》の化石が見つかっていないので、全体像《ぜんたいぞう》がよくわかっていないのです。

生物《せいぶつ》の正式《せいしき》な名前《なまえ》である学名《がくめい》も未《み》定《てい》です。ホホジロザメの仲間《なかま》を意味《いみ》する「カルカロドン・メガロドン※1」を使《つか》うこともあれば、絶滅《ぜつめつ》したサメの仲間として「カルカロクレス・メガロドン※2」を使《つか》うこともあります。

※1 *Carcharodon megalodon* ※2 *Carcharocles megalodon*

ワクワクこぼれ噺《ばなし》：仮《かり》に全長16mとすると、現在《げんざい》の海《うみ》で最大の魚とされるジンベエザメの1.5倍の大きさ！

4階《かい》建《だ》てのビル並《な》み!? トンデモなくデカいお魚《さかな》さん!

マグロやサバの
仲間《なかま》なんですけど
何《なに》か?

リードシクティス

- **名前《なまえ》**：リードシクティス
- **全長《ぜんちょう》**：16.5m?
- **生《い》きていた時代《じだい》**：中生代《ちゅうせいだい》ジュラ紀《き》
- **学名《がくめい》**：*Leedsichthys*
- **化石《かせき》の産地《さんち》**：フランス、イギリス、ドイツ
- **分類《ぶんるい》**：条鰭類《じょうきるい》

ジュラ紀《き》のヨーロッパの海《うみ》に生息《せいそく》していた大型《おおがた》の魚《さかな》です。尾《お》ビレのサイズだけでも高《たか》さ2・9ｍにおよんだとみられています。全身《ぜんしん》の化石《かせき》が見《み》つかっていないので、全長値《ぜんちょうち》の推《すい》測《そく》にはいささか〝ブレ〟がありますが、全長27ｍというトンデモナイ値《あたい》も提案《ていあん》されています。ただし、その推測《すいそく》はいくらなんでも大《おお》きすぎる、ということで、全長16・5ｍという値《あたい》が使《つか》われることが多《おお》いようです。

16・5ｍというサイズは、条鰭類《じょうきるい》（マグロやサケなど、現在《げんざい》の魚《さかな》の大《たい》半《はん》を含《ふく》む）という魚《さかな》の仲間《なかま》においては、随一《ずいいち》の大《おお》きさを誇《ほこ》ります。

2018年《ねん》に発表《はっぴょう》された研究《けんきゅう》によると、時速《じそく》17・8㎞という自転車《じてんしゃ》並《な》みの速度《そくど》で泳《およ》いでいたようです。

ワクワクこぼれ噺《はなし》： おもにプランクトンを食《た》べていたとみられています。

もはやUMA《ユーマ》!
こんな生物《せいぶつ》ホントにいたの!?

歯《は》の化石《かせき》

ヘリコプリオン

- **名前《なまえ》**：ヘリコプリオン
- **全長《ぜんちょう》**：3m
- **生《い》きていた時代《じだい》**：古生代《こせいだい》ペルム紀《き》
- **学名《がくめい》**：*Helicoprion*
- **化石《かせき》の産地《さんち》**：アメリカ、カナダ、日本《にほん》ほか
- **分類《ぶんるい》**：軟骨魚類《なんこつぎょるい》 全頭類《ぜんとうるい》

100個《こ》を超《こ》える歯《は》が、螺旋《らせん》を描《えが》いて配置《はいち》されている珍妙《ちんみょう》な魚です。その歯しか化石で見つかっていなかったため、なぜ、そんな歯をもっているのか、どんな魚なのか、化石が見つかってから1世紀《せいき》以上《いじょう》も謎《なぞ》でした。「これは上顎《うわあご》の歯で、口《くち》の外《そと》にむき出《だ》して反《そ》り返《かえ》っているものだ」「そもそも歯ではなくて、背《せ》ビレの一部《いちぶ》だ」など、100年以上《いじょう》も議論《ぎろん》が繰《く》り返《かえ》されてきました。

2013年になって発表された新《あら》たな研究によれば、この歯の渦《うず》は下《した》顎《あご》の中央《ちゅうおう》（中心線《ちゅうしんせん》）に縦《たて》に配置されていたとのことです。つまり、普通《ふつう》の動物《どうぶつ》のように〝横《よこ》に並《なら》ぶ歯〟ではなく、〝縦に渦を描いて並ぶ歯〟だったわけです。

ワクワクこぼれ噺《はなし》：獲物《えもの》は、頭足類《とうそくるい》（アンモナイトの仲間）とされています。

何《なん》の役《やく》に立《た》ってたの?
トゲ付《つ》きアイロン台《だい》

アクモニスティオン

- **名前《なまえ》**：アクモニスティオン
- **学名《がくめい》**：*Akmonistion*
- **全長《ぜんちょう》**：60m
- **化石《かせき》の産地《さんち》**：スコットランド
- **生《い》きていた時代《じだい》**：古生代石炭紀《こせいだいせきたんき》
- **分類《ぶんるい》**：軟骨魚類《なんこつぎょるい》

現在《げんざい》のサメやエイと同《おな》じ軟骨魚類《なんこつぎょるい》の一種《いっしゅ》です。背《せ》ビレの形《かたち》がとても変《か》わっていて、後頭部《こうとうぶ》あたりから伸《の》びたのち、その上端《じょうたん》は水平《すいへい》に広《ひろ》がっていました。その形は、現代《げんだい》の〝アイロン台《だい》〟に似《に》ています。

ただし、単純《たんじゅん》に水平だったわけではありません。その水平面《めん》には、びっしりと細《こま》かなトゲが並《なら》んでいた、「トゲ付《つ》きアイロン台」だったのです。

似たようなつくりは、額部分《ひたいぶぶん》にもあります。2つの眼《め》の間《あいだ》にも、背ビレ上面《じょうめん》と同《おな》じような細《こま》かなトゲがびっしりと並んでいました。

こうしたつくりは、いったい何《なん》の役《やく》に立《た》ったのでしょうか？　その答《こた》えはまだ出《で》ていません。アイロン台の役割解明《やくわりかいめい》に注目《ちゅうもく》です。

ワクワクこぼれ噺《はなし》： 雄《おす》だけの特徴《とくちょう》ではないか、という指摘《してき》もあります。

なんじゃこの硬《かた》い棒《ぼう》は!?
“リーゼント”はオトコの証《あかし》?

ファルカトゥス

名前《なまえ》:ファルカトゥス
全長《ぜんちょう》:30cm
生《い》きていた時代《じだい》:古生代石炭紀《こせいだいせきたんき》
学名《がくめい》:*Falcatus*
化石《かせき》の産地《さんち》:アメリカ
分類《ぶんるい》:軟骨魚類《なんこつぎょるい》

硬《かた》い組織《そしき》しか残《のこ》らない古生物《こせいぶつ》たちにとって、雌雄《しゆう》の区別《くべつ》は難《むずか》しいところです。しかし、ごく稀《まれ》に、「これは雌雄のペアだ」という化石《かせき》が見《み》つかります。ファルカトゥスはその1つ。

大《おお》きさも姿《すがた》もよく似た2種類《しゅるい》の化石のあるファルカトゥス。しかし、そのうちの一方《いっぽう》には、後頭部から〝棒《ぼう》〟が伸びていました。ただの棒ではありません。付《つ》け根《ね》付近《ふきん》ではほぼ垂直《すいちょく》に、そして、その先《さき》で前方《ぜんぽう》に向《む》いて直《ちょっ》角《かく》に曲《ま》がっていたのです。まるで、ワックスで固《かた》めたヘアスタイル、「リーゼント」のようです。独特《どくとく》な形のこの棒をもつ個体《こたい》は、雄《おす》であるとみられています。雌《めす》への何《なん》らかのアピールか、あるいは、交配《こうはい》のときに使《つか》われていたのかもしれません。

ワクワクこぼれ噺《はなし》: 成熟《せいじゅく》した個体《こたい》のみが、棒をもっていたとみられています。

アトポデンタトゥス

「アトポデンタトゥス」は、「一風変《いっぷうか》わった歯《は》」という意味《いみ》。当初《とうしょ》、顔《かお》が縦《たて》に裂《さ》け、その内側《うちがわ》に歯が並《なら》ぶという独特《どくとく》の風貌《ふうぼう》で復元《ふくげん》されていた。

- **名前《なまえ》**：アトポデンタトゥス
- **学名《がくめい》**：*Atopodentatus*
- **全長《ぜんちょう》**：2.8m
- **化石《かせき》の産地《さんち》**：中国《ちゅうごく》
- **生《い》きていた時代《じだい》**：中生代三畳紀《ちゅうせいだいさんじょうき》
- **分類《ぶんるい》**：爬虫類《はちゅうるい》

長《なが》い首《くび》と長い尾《お》、短《みじか》い四肢《しし》、そして、珍妙《ちんみょう》な顔《かお》の海棲爬虫類《かいせいはちゅうるい》の化石《かせき》が２０１４年《ねん》に報告《ほうこく》されました。

何《なに》が珍妙なのかといえば、上顎《うわあご》の先端《せんたん》にある〝クチバシ〟が、途中《とちゅう》でストンッと急角度《きゅうかくど》で下《した》を向《む》いており、縦《たて》に裂《さ》けていたのです。さらに、その裂け目《め》に３５０本以上《ほんいじょう》もの細《こま》かい歯《は》が並《なら》んでいました。

研究者自身《けんきゅうしゃじしん》が、「比類《ひるい》なき異様《いよう》」と表現《ひょうげん》したこの顔は、水底《すいてい》の泥《どろ》の中《なか》に棲《す》む微生物《びせいぶつ》を食《た》べることに向いていると考《かんが》えられました。泥ごと口《くち》ですくいあげ、裂け目の歯で濾《こ》しとって、獲物《えもの》だけを食べていたのではないか、というわけです。

しかし、２０１６年、追加《ついか》の化石が発見《はっけん》されたことで、この動物《どうぶつ》の姿《すがた》は大《おお》きく変《か》わります。顔に裂け目など存在《そんざい》せず、まるで金槌《かなづち》の頭《あたま》のように口の先端が左右《さゆう》に広《ひろ》がっている姿に復元《ふくげん》されたのです。この研究によると、２０１４年の復元は、化石の状態《じょうたい》がよくなかったため、顔に裂け目があるように見《み》えただけ、とのことでした。

新《あら》たな復元によって推測《すいそく》される生《せい》態《たい》は、海底《かいてい》の藻類《そうるい》などを食べていたのではないか、というものに変更《へんこう》されました。

豆知識《まめちしき》

2014年の研究チームと、2016年の研究チームには同《おな》じメンバーが含《ふく》まれています。研究者自身による修正《しゅうせい》ということで、……まぁ、こういうこともあります。

“顔裂《かおさ》け”から “ハンマーヘッド”へ

ワクワクこぼれ噺《はなし》:「植物食《しょくぶつしょく》の海棲爬虫類」としては最古《さいこ》ともされています。

爬《は》虫《ちゅう》類《るい》界隈《かいわい》のキリン？
全長《ぜんちょう》の半分《はんぶん》が首《くび》！

クビナガリュウさんとは
ちょっと
違《ちが》うんだよね！

タニストロフェウス

名前《なまえ》：タニストロフェウス
学名《がくめい》：*Tanystropheus*
全長《ぜんちょう》：6m
化石《かせき》の産地《さんち》：中国《ちゅうごく》、フランス、スイスほか
生《い》きていた時代《じだい》：中生代三畳紀《ちゅうせいだいさんじょうき》
分類《ぶんるい》：爬虫類《はちゅうるい》

「首《くび》の長《なが》い絶滅《ぜつめつ》爬《は》虫類《ちゅうるい》」といえば、16ページで紹介《しょうかい》した竜脚類《りゅうきゃくるい》（恐竜《きょうりゅう》類《るい》）や58ページで紹介したクビナガリュウ類《るい》が有名《ゆうめい》ですが、タニストロフェウスも負《ま》けてはいません。全長《ぜんちょう》の半分以上《はんぶんいじょう》が首だったのです。

そして、竜脚類やクビナガリュウ類の首とは、決定的《けっていてき》な違《ちが》いがありました。この2つのグループでは、数《すう》十個《じゅうこ》もの首の骨《ほね》（頸椎《けいつい》）をつなげて長い首がつくられています。しかし、タニストロフェウスの場合《ばあい》、頸椎の数《かず》は約10個と多《おお》くなく、1つ1つの頸椎が長くなっているのです。これは、哺《ほ》乳類《にゅうるい》でいうところのキリンと同《おな》じつくりになります。もっとも、なぜ、そのような首だったのかは、謎《なぞ》に包《つつ》まれています。

ワクワクこぼれ噺《はなし》：関節《かんせつ》が少《すく》ないため、長い首は柔軟性《じゅうなんせい》がなかったようです。

ヘビみたいなトカゲ ついたあだ名《な》は「加賀《かが》の妖精《ようせい》」!

カガナイアス

- **名前《なまえ》**：カガナイアス
- **学名《がくめい》**：*Kaganaias*
- **全長《ぜんちょう》**：50cm
- **化石《かせき》の産地《さんち》**：日本《にほん》
- **生《い》きていた時代《じだい》**：中生代白亜紀《ちゅうせいだいはくあき》
- **分類《ぶんるい》**：爬虫類《はちゅうるい》 鱗竜類《りんりゅうるい》

石川県白山市《いしかわけんはくさんし》から化石《かせき》が見《み》つかりました。学名《がくめい》の「*Kaga*」は、加賀《かが》（石川県の旧藩名《きゅうはんめい》・地域名《ちいきめい》）にちなむもので、「*naias*」は「水《みず》の妖精《ようせい》」を意《い》味《み》します。なんともおしゃれな意味の名前《なまえ》をもつ水棲《すいせい》の爬虫類で、白亜《はくあ》紀《き》の沼《ぬま》に棲《す》んでいたとされます。

ヘビほどではないにしろ、長い胴《どう》体《たい》をもちます。その胴体には、がっしりとしたつくりの小《ち》さな脚《あし》がありました。そのため、陸上《りくじょう》を歩《ある》き回《まわ》ることができたともみられています。

ヘビ類《るい》やモササウルス類《るい》（64ページ）の進化《しんか》と関《かか》わっている可能性《かのうせい》が指摘《してき》されていて、その近縁《きんえん》だったのではないかとみられています。世界《せかい》が注目《ちゅうもく》している〝妖精〟なのです。

ワクワクこぼれ噺《はなし》：白山市の桑島《くわじま》化《か》石壁《せきかべ》で化石が見つかりました。

ヘビのルーツに迫《せま》る!?
後《うし》ろ脚《あし》のあるヘビ

ナジャシュ

- **名前《なまえ》**：ナジャシュ
- **全長《ぜんちょう》**：2m
- **生《い》きていた時代《じだい》**：中生代白亜紀《ちゅうせいだいはくあき》
- **学名《がくめい》**：*Najash*
- **化石《かせき》の産地《さんち》**：アルゼンチン
- **分類《ぶんるい》**：爬虫類《はちゅうるい》 ヘビ類《るい》

ヘビ……ですが、小《ちい》さな後《うし》ろ脚《あし》をもっていました。

もちろん、現在《げんざい》のヘビは、脚をもっていません。ヘビの進化《しんか》の歴史《れきし》を紐《ひも》解《と》くと、もともとはトカゲのように四肢《しし》があったと考《かんが》えられています。彼《かれ》らは進化していくうちに、脚を失《うしな》ったのです。前脚《まえあし》がなく、後ろ脚が残《のこ》るナジャシュは、まさに〝移行《いこう》期《き》〟の種《しゅ》とみられています。

なぜ、ヘビは脚を失《うしな》ったのでしょうか？

1つの仮説《かせつ》として、半地中生活《はんちちゅうせいかつ》で世代《せだい》を重《かさ》ねるうちに、四肢のないことが有利《ゆうり》になったのではないか、という考えがあります。ナジャシュは、まさに、この〝地中進化説《ちちゅうしんかせつ》〟の証拠《しょうこ》の1つとして扱《あつか》われています。

ワクワクこぼれ噺《はなし》：ヘビ誕生《たんじょう》に関《かん》しては、〝水中進化説《すいちゅうしんかせつ》〟もあります。

トコトコ歩《あ》きで生活《せいかつ》!?
カエルとイモリの共通祖先《きょうつうそせん》

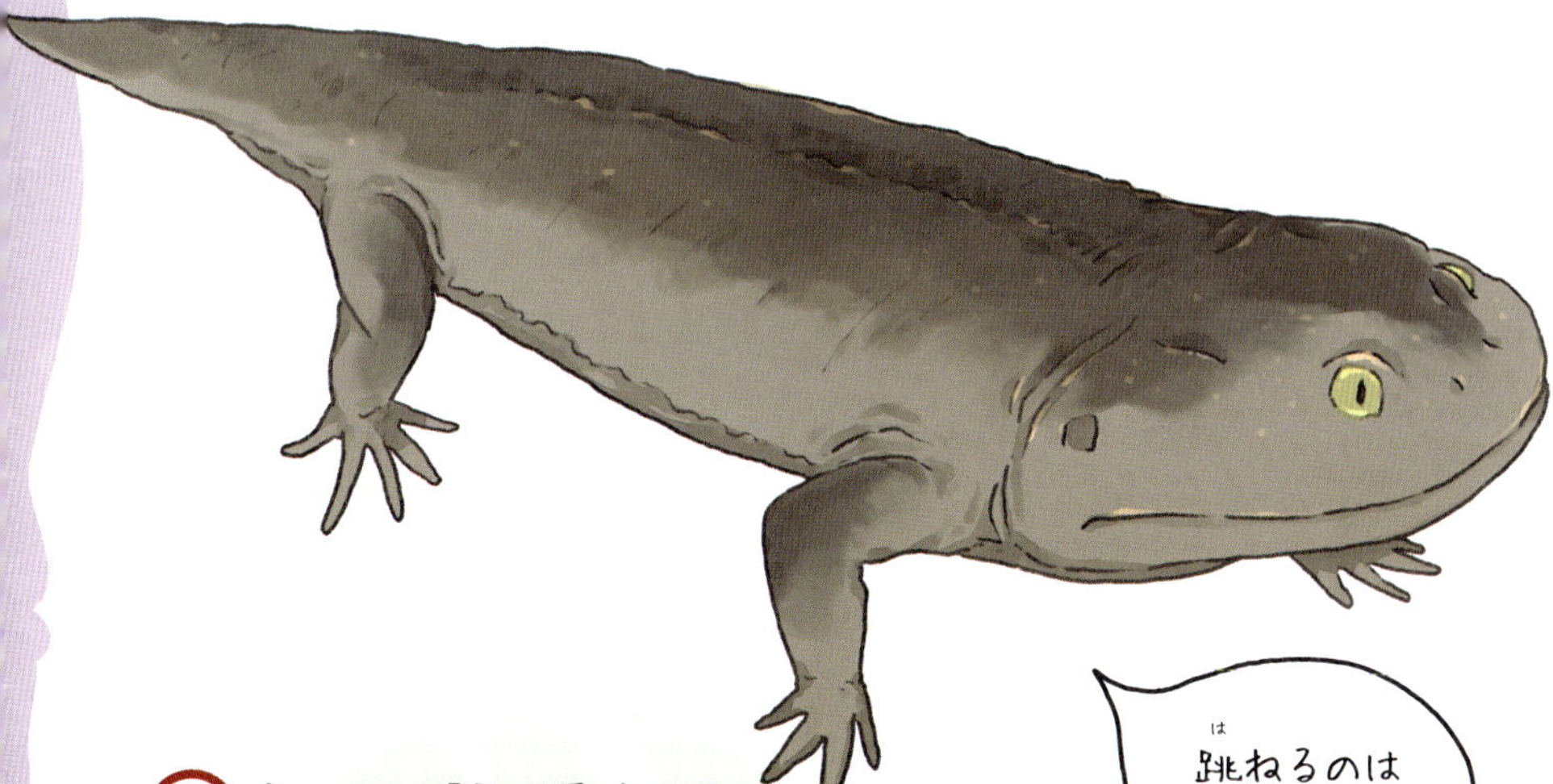

ゲロバトラクス

- **名前《なまえ》**：ゲロバトラクス
- **全長《ぜんちょう》**：11cm
- **生《い》きていた時代《じだい》**：古生代《こせいだい》ペルム紀《き》
- **学名《がくめい》**：*Gerobatrachus*
- **化石《かせき》の産地《さんち》**：アメリカ
- **分類《ぶんるい》**：両生類《りょうせいるい》

現生《げんせい》の両生類《りょうせいるい》は、3つの大《おお》きなグループがあります。「イモリの仲間《なかま》（有尾類《ゆうびるい》）」「アシナシイモリの仲間（無足類《むそくるい》）」「カエルの仲間（無尾類《むびるい》）」です。

ゲロバトラクスは、このうち有尾類と無尾類の共通祖先《きょうつうそせん》と考えられています。どことなくカエルに似《に》た風《ふう》貌《ぼう》のもち主《ぬし》ですが、カエルの後ろ脚がかなり長《なが》いことに対《たい》して、ゲロバトラクスの四肢はさほど長さに違《ちが》いはありませんでした。

現生のカエルは、ピョンピョンと跳《と》びはねますが、ゲロバトラクスは普通《ふつう》にトコトコと歩《ある》いていたようです。そして、狩《か》りのときにはダッシュして獲物《えもの》に襲《おそ》いかかっていたとみられています。

ワクワクこぼれ噺《はなし》：短《みじか》い尾《お》がある点《てん》も、カエルとの違いの1つです。

海苔《のり》巻《ま》きを束《たば》ねたような「謎《なぞ》の歯《は》」をもつ日本代表《にほんだいひょう》古生物《こせいぶつ》！

円柱《えんちゅう》が束《たば》になった臼歯《きゅうし》

デスモスチルス

- **名前《なまえ》**：デスモスチルス
- **全長《ぜんちょう》**：2.5m
- **生《い》きていた時代《じだい》**：新生代新第三紀《しんせいだいしんだいさんき》
- **学名《がくめい》**：*Desmostylus*
- **化石《かせき》の産地《さんち》**：日本《にほん》、カナダ、アメリカ
- **分類《ぶんるい》**：哺乳類《ほにゅうるい》 束柱類《そくちゅうるい》

日本各地《にほんかくち》で化石《かせき》が見《み》つかっている、日本を代表《だいひょう》する古生物《こせいぶつ》の1つですが、謎多《なぞおお》き古生物でもあります。

謎の原因《げんいん》は歯《は》です。奥歯《おくば》の形《かたち》がじつに珍妙《ちんみょう》で、海苔巻《のりま》きのような円柱《えんちゅう》が数本束《すうほんたば》になって1つの歯をつくっていました。この歯のつくりは、「束柱類《そくちゅうるい》」というグループ名《めい》のもとになっています。

哺乳類《ほにゅうるい》は種《しゅ》によって歯の形が特徴《とくちょう》的《てき》で、古生物であっても歯さえ見つかれば、近縁種《きんえんしゅ》が特定《とくてい》できることが少《すく》なくありません。しかし、束柱類は、あまりにも独特《どくとく》な歯をしているため、近縁種が不明《ふめい》なのです。そのため、骨化石《ほねかせき》から復元《ふくげん》される姿《すがた》についても研究者《けんきゅうしゃ》によって違《ちが》いがあり、博物館《はくぶつかん》によって展示《てんじ》も異《こと》なります。

ワクワクこぼれ噺《はなし》：泳《およ》ぎが得意《とくい》だったという研究結果《けんきゅうけっか》が発表《はっぴょう》されています。

怠《なま》けるにはデカすぎる？ 木登《きのぼ》りできない 巨大《きょだい》ナマケモノ

メガテリウム

- **名前《なまえ》**：メガテリウム
- **全長《ぜんちょう》**：6m
- **生《い》きていた時代《じだい》**：新生代第四紀《しんせいだいだいよんき》
- **学名《がくめい》**：*Megatherium*
- **化石《かせき》の産地《さんち》**：アルゼンチン、ボリビア、ブラジル、ほか
- **分類《ぶんるい》**：哺乳類《ほにゅうるい》 有毛類《ゆうもうるい》

「大《おお》ナマケモノ」と呼《よ》ばれる絶滅《ぜつめつ》哺乳類です。ナマケモノといえば、日《ひ》がな1日《いちにち》、樹木《じゅもく》にぶら下《さ》がってスローライフをおくっている……そんなイメージをもつ読者《どくしゃ》も多いでしょう。

しかし、メガテリウムは、ナマケモノのイメージを覆《くつがえ》す巨獣《きょじゅう》です。全長《ぜんちょう》6m、体重《たいじゅう》は6tに達《たっ》したとされています。この巨体《きょたい》では、枝《えだ》にぶら下がるどころか、樹木に登《のぼ》ることでさえ不可能《ふかのう》だったことでしょう。

一方《いっぽう》で、メガテリウムは、顎《あご》が〝弱《よわ》かった〟ことがわかっています。硬《かた》いものを噛《か》んだり、すりつぶしたりすることは苦手《にがて》だったようです。長身《ちょうしん》と長《なが》い腕《うで》を生《い》かし、樹木の枝を引《ひ》き寄《よ》せて、やわらかい葉《は》を食《た》べていたとみられています。

ワクワクこぼれ噺《はなし》：長《なが》い舌《した》をもっていた可能性《かのうせい》も指摘《してき》されています。

哺乳類《ほにゅうるい》？ それとも爬虫類《はちゅうるい》？ 恐竜《きょうりゅう》時代《じだい》直前《ちょくぜん》の覇者《はしゃ》！

イノストランケヴィア

- **名前《なまえ》**：イノストランケヴィア
- **学名《がくめい》**：*Inostrancevia*
- **全長《ぜんちょう》**：3.5m以上《いじょう》
- **化石《かせき》の産地《さんち》**：ロシア
- **生《い》きていた時代《じだい》**：古生代《こせいだい》ペルム紀《き》
- **分類《ぶんるい》**：単弓類《たんきゅうるい》 獣弓類《じゅうきゅうるい》 ゴルゴノプス類《るい》

いわゆる「恐竜時代《きょうりゅうじだい》」（中生代《ちゅうせいだい》）が始《はじ》まる直前《ちょくぜん》の肉食動物《にくしょくどうぶつ》で、「獣弓類《じゅうきゅうるい》」というグループに属《ぞく》しています。当時《とうじ》、獣弓類には多《おお》くの種《しゅ》が登場《とうじょう》し、世界各地《せかいかくち》で栄《さか》えていました。私《わたし》たち哺乳類《ほにゅうるい》も獣弓類の一員《いちいん》ですから、イノストランケヴィアは哺乳類の遠《とお》い親戚《しんせき》のようなものです。

当時の生態系《せいたいけい》の頂点《ちょうてん》に君臨《くんりん》していた肉食グループがゴルゴノプス類《るい》です。イノストランケヴィアは、ゴルゴノプス類の中《なか》で最大級《さいだいきゅう》の種として知《し》られ、がっしりとした顎《あご》と鋭《するど》い牙《きば》をもっていました。恐竜時代でいうティラノサウルスのような存在《そんざい》でした。

恐竜が栄える以前《いぜん》、私たちの〝親戚〟は、地球《ちきゅう》の覇者《はしゃ》となっていた時期《じき》があったのです。

ワクワクこぼれ噺《はなし》：当時の獣弓類には、雌雄《しゆう》つがいで暮《く》らすものもいました。

頭《あたま》が小《ちい》さく後《うし》ろ脚《あし》も小さい
首《くび》まで動《うご》かせる
クジラの仲間《なかま》

バシロサウルス

- **名前《なまえ》**：バシロサウルス
- **全長《ぜんちょう》**：20m
- **生《い》きていた時代《じだい》**：新生代《しんせいだい》古《こ》第三紀《だいさんき》
- **学名《がくめい》**：*Basilosaurus*
- **化石《かせき》の産地《さんち》**：アメリカ、エジプト、イギリスほか
- **分類《ぶんるい》**：哺乳類《ほにゅうるい》 鯨偶蹄類《くじらぐうているい》 ムカシクジラ類《るい》

現生《げんせい》のマッコウクジラ以上《いじょう》の全長《ぜんちょう》を誇《ほこ》る、絶滅《ぜつめつ》したクジラ類《るい》（ムカシクジラ類《るい》）です。頭部《とうぶ》がとても小《ちい》さくて、全長の10分《ぶん》の1しかありません。ほかにも、首《くび》を動《うご》かすことができたり、小《ちい》さな後《うし》ろ脚《あし》があったりという現生のクジラ類とは異《こと》なる特徴《とくちょう》がありました。小さな後ろ脚は、飾《かざ》りではなく、交尾《こうび》の際《さい》に相手《あいて》をおさえることに使《つか》われていたようです。

「バシロサウルス」という名前《なまえ》は、「王《おう》のトカゲ」という意味《いみ》です。哺乳類なのに「トカゲ」と呼《よ》ばれているのは、名付《なづ》けるときに勘違《かんちが》いされていたから。人《ひと》の名前と同《おな》じく命名《めいめい》の責任《せきにん》は重《おも》く、一度《いちど》ついた名前《なまえ》（学《がく》名《めい》）は、そう簡単《かんたん》に変更《へんこう》できないのです。命名は慎重《しんちょう》に、ですね。

ワクワクこぼれ噺《はなし》：サメ、小型《こがた》のムカシクジラ類などを食べていたようです。

恐竜《きょうりゅう》が蔓延《はびこ》る大地《だいち》で
恐竜を食《た》べていた哺乳類《ほにゅうるい》

レペノマムス

- **名前《なまえ》**：レペノマムス
- **学名《がくめい》**：*Repenomamus*
- **頭胴長《とうどうちょう》**：80cm
- **化石《かせき》の産地《さんち》**：中国《ちゅうごく》
- **生《い》きていた時代《じだい》**：中生代白亜紀《ちゅうせいだいはくあき》
- **分類《ぶんるい》**：哺乳類《ほにゅうるい》 真三錐歯類《しんさんすいしるい》

「恐竜時代《きょうりゅうじだい》の哺乳類《ほにゅうるい》はネズミサイズ」という、従来《じゅうらい》のイメージを覆《くつがえ》した哺乳類です。その大《おお》きさは、大型《おおがた》犬《けん》のラブラドール・レトリバーに匹《ひっ》敵《てき》します。

大きいだけではありません。がっしりとした顎《あご》と鋭《するど》い歯《は》をもっており、恐《おそ》るべき肉食動物《にくしょくどうぶつ》だったことがわかります。実際《じっさい》に、ある化石《かせき》の胃《い》の部《ぶ》分《ん》からは、恐竜の幼体《ようたい》の化石が見《み》つかっています。レペノマムスにとって、恐竜は獲物《えもの》だったのです。しかも、その恐竜は、胴体《どうたい》を裁断《さいだん》しただけで、ほぼ丸呑《まるの》みの状態《じょうたい》でした。

恐竜たちに対抗《たいこう》できるほどの哺乳類でしたが、属《ぞく》していた真三錐歯類《しんさんすいしるい》というグループは、恐竜時代の終焉《しゅうえん》とともに絶滅《ぜつめつ》しました。

ワクワクこぼれ噺《はなし》：獲物となっていたのは、角竜類《つのりゅうるい》の幼体《ようたい》でした。

サーベルタイガー!? ヒョウ!? トラ!? いいえ。カンガルーの親戚《しんせき》です。

ティラコスミルス

- **名前《なまえ》**：ティラコスミルス
- **頭胴長《とうどうちょう》**：1m
- **生《い》きていた時代《じだい》**：新生代新第三紀
- **学名《がくめい》**：*Thylacosmilus*
- **化石《かせき》の産地《さんち》**：アルゼンチン
- **分類《ぶんるい》**：単弓類《たんきゅうるい》 哺乳類《ほにゅうるい》 有袋類《ゆうたいるい》

長《なが》く鋭い犬歯《けんし》。ヒョウともトラとも見紛《みまが》うようなその姿《すがた》。「これが、噂《うわさ》に聞《き》くサーベルタイガーか!」と思《おも》われた方《かた》もいるかもしれません。

違《ちが》います。ティラコスミルスは、「サーベルタイガー」ではありません。「サーベルタイガー」は、「タイガー」の名《な》が示《しめ》すように食肉類《しょくにくるい》のネコ類で、長い犬歯をもつものの総称《そうしょう》です。しかし、ティラコスミルスは、有袋類《ゆうたいるい》。つまり、ネコではなく、カンガルーやコアラの仲間《なかま》なのです。

進化《しんか》の果《は》てに、まったく異《こと》なる分《ぶん》類群《るいぐん》の動物《どうぶつ》が、とても似通《にかよ》った姿になることがあります。ティラコスミルスはまさにその例《れい》の1つ。こうした進化は、「収斂進化《しゅうれんしんか》」と呼《よ》びます。ここ、テストに出《で》ますよ（笑）

ワクワクこぼれ噺《はなし》：顎の筋肉《きんにく》が弱《よわ》い動物と言《い》われています。

仲《なか》良《よ》くなれる気《き》がする!?
ネコとイヌの"共通祖先《きょうつうそせん》"

ミアキス

名前《なまえ》：ミアキス
全長《ぜんちょう》：20cm
生《い》きていた時代《じだい》：新生代古第三紀《しんせいだいこだいさんき》
学名《がくめい》：*Miacis*
化石《かせき》の産地《さんち》：アメリカ、中国《ちゅうごく》、フランスほか
分類《ぶんるい》：哺乳類《ほにゅうるい》 食肉類《しょくにくるい》

現生《げんせい》のイタチを彷彿《ほうふつ》とさせる姿《すがた》のミアキスは、今《いま》からおよそ5000万《まん》年前《ねんまえ》の哺乳類《ほにゅうるい》です。長《なが》い尾《お》と、短《みじか》いながらも力強《ちからづよ》い四肢《しし》をもつこの動物《どうぶつ》は、現在《げんざい》のネコ類《るい》やイヌ類《るい》、クマ類《るい》、アザラシ類《るい》などの共通祖先《きょうつうそせん》に近《ちか》い存在《そんざい》とみられている、最古級《さいこきゅう》の食肉類《しょくにくるい》です。

当時《とうじ》、地球《ちきゅう》の気候《きこう》はとても温暖《おんだん》で、世界中《せかいじゅう》に亜熱帯《あねったい》の森林《しんりん》がつくられていました。ミアキスは、そんな森林で地上《ちじょう》と樹上《じゅじょう》を行《い》き交《か》いながら生活《せいかつ》していたようです。

なお、共通祖先の候補《こうほ》とされる動物の化石《かせき》は、ミアキスのほかにもいくつか見《み》つかっています。その姿は、皆《みな》よく似《に》ていました。食肉類は、イタチ似の小動物《しょうどうぶつ》からスタートしたのです。

ワクワクこぼれ噺《はなし》：ネコ類やイヌ類とちがって、踵《かかと》をつけて歩《ある》いていました。

牙《きば》が妙《みょう》に長《なが》いけども ネコは最初《さいしょ》からネコ

ホプロフォネウス

- **名前《なまえ》**：ホプロフォネウス
- **頭胴長《とうどうちょう》**：1m
- **生《い》きていた時代《じだい》**：新生代古第三紀《しんせいだいこだいさんき》
- **学名《がくめい》**：*Hoplophoneus*
- **化石《かせき》の産地《さんち》**：アメリカ、カナダ、タイ
- **分類《ぶんるい》**：哺乳類《ほにゅうるい》 食肉類《にくしょくるい》 ネコ型類《けいるい》 ニムラブス類《るい》

およそ5000万年前に現《あらわ》れたネコ類やイヌ類たちの共通祖先は、その後《ご》、数百万年《すうひゃくまんねん》のちにネコの仲間《なかま》（ネコ型類《けいるい》）と、イヌの仲間（イヌ型類《けいるい》）に袂《たもと》を分《わ》かちました。

ホプロフォネウスは、最初期《さいしょき》のネコ型類の1つ。一般《いっぱん》に、進化《しんか》を重《かさ》ねると姿は変《か》わっていきます。しかし、ホプロフォネウスは、最初期の種《しゅ》の割《わり》には、現生ネコ類のチーターとよく似ています。ちょっと長《なが》めの犬歯《けんし》はもっていますが、そのほかは一見《いっけん》しただけでは、現生ネコ類と大《おお》きな違《ちが》いがあるようには見《み》えません。

つまり、ネコの仲間は、最初期の時点《じてん》ですでに現生の形《かたち》ができていたのです。よほど、この姿が〝良《よ》かった〟のでしょう。

ワクワクこぼれ噺《はなし》：ニムラブス類《るい》は、600万年前《まんねんまえ》ごろに絶滅《ぜつめつ》しました。

ネコとの運命《うんめい》の別《わか》れ道《みち》
最初《さいしょ》のイヌはイタチ!?

ヘスペロキオン

- **名前《なまえ》**：ヘスペロキオン
- **学名《がくめい》**：*Hesperocyon*
- **頭胴長《とうどうちょう》**：40cm
- **化石《かせき》の産地《さんち》**：アメリカ、カナダ
- **生《い》きていた時代《じだい》**：新生代古第三紀《しんせいだいこだいさんき》
- **分類《ぶんるい》**：哺乳類《ほにゅうるい》 食肉類《にくしょくるい》 イヌ型類《けいるい》 イヌ類《るい》

ネコの仲間《なかま》（ネコ型類《けいるい》）と袂《たもと》を分《わ》かったのち、〝最初《さいしょ》〟に現《あらわ》れたイヌの仲間（イヌ型類《けいるい》）です。すでにこの時点《じてん》で、現生《げんせい》のイヌと同《おな》じ「イヌ類《るい》」に属《ぞく》していました。

しかし、その姿《すがた》は現生イヌ類とずいぶん異《こと》なり、まるでイタチのようです。共通祖先《きょうつうそせん》であるミアキス（92ページ）とあまり姿が変《か》わっていません。

現生イヌ類との違《ちが》いは、指《ゆび》にも見《み》ることができます。現生イヌ類は前脚《あし》に5本指《ほんゆび》、後《うし》ろ脚は4本指、そして、爪先《つまさき》で歩《ある》きます。一方《いっぽう》、ヘスペロキオンは前後《ぜんご》ともに5本指で、かかとをつけて歩いていました。爪《つめ》も長《なが》く、木登《きのぼ》りもできたとみられています。イヌがイヌらしくなるには、もう少《すこ》し時間《じかん》が必要《ひつよう》でした。

ワクワクこぼれ噺《はなし》：当時《とうじ》の動物《どうぶつ》としては耳《みみ》が良《よ》かった、という指摘《してき》もあります。

顔《かお》ながっ!! 史上最大級《しじょうさいだいきゅう》の肉食哺乳類《にくしょくほにゅうるい》は THE・頭《あたま》でっかち!

アンドリューサルクス

名前《なまえ》：アンドリューサルクス
頭胴長《とうどうちょう》：3.5m
生《い》きていた時代《じだい》：新生代古第三紀《しんせいだいこだいさんき》
学名《がくめい》：*Andrewsarchus*
化石《かせき》の産地《さんち》：中国《ちゅうごく》(内《うち》モンゴル)
分類《ぶんるい》：哺乳類《ほにゅうるい》 メソニクス類《るい》

幅《はば》56㎝、長さ83㎝という、とても大《おお》きな頭部《とうぶ》をもっていた絶滅哺乳類《ぜつめつほにゅうるい》です。その頭部にはがっしりと太《ふと》い歯《は》が並《なら》んでいました。

頭胴長《とうどうちょう》3・5mという、かなりの大型種《おおがたしゅ》です。恐竜類《きょうりゅうるい》やマンモスなどと比《くら》べると小《ちい》さく見えるかもしれませんが、「肉食哺乳類《にくしょくほにゅうるい》」として、このサイズは史上最大級《しじょうさいだいきゅう》。現在《げんざい》の地球《ちきゅう》で大型肉食哺乳類《おおがたにくしょくほにゅうるい》として名《な》をはせるライオンやトラと比《くら》べて、ひと回《まわ》り以上《いじょう》大きいことになり、「圧倒的《あっとうてき》」といっていい巨体《きょたい》です。

そして、頭胴長3・5mに対《たい》して83㎝の頭部ですから、およそ4頭身《とうしん》ということになります。なかなかにアンバランスな姿で、これもまた陸《りく》上《じょう》哺乳類としては珍《めずら》しい特徴《とくちょう》です。

ワクワクこぼれ噺《ばなし》：本種《ほんしゅ》を含《ふく》むメソニクス類《るい》は子孫《しそん》を残《のこ》さずに絶滅《ぜつめつ》しました。

異《い》名《みょう》付《づ》けのセンス!
「巨大《きょだい》な殺《ころ》し屋豚《やぶだ》」

アルカエオテリウム

- **名前《なまえ》**：アルカエオテリム
- **頭胴長《どうとうちょう》**：1.5m
- **生《い》きていた時代《じだい》**：新生代《しんせいだい》古第三紀《こだいさんき》
- **学名《がくめい》**：*Archaeotherium*
- **化石《かせき》の産地《さんち》**：アメリカ、カナダ
- **分類《ぶんるい》**：哺乳類《ほにゅうるい》 鯨偶蹄類《くじらぐうているい》 猪豚類《いのぶたるい》 エンテロドン類《るい》

古生物《こせいぶつ》の中《なか》には、いわゆる「異《い》名《みょう》」をもつものが少《すく》なくありません。その中でも、とりわけ物騒《ぶっそう》な異名を与《あた》えられているのが、アルカエオテリウムです。何《なに》しろ、その異名は、「巨大《きょだい》な殺《ころ》し屋豚《やぶた》」とか「地獄《じごく》から来《き》た豚」というものですから……。誰《だれ》がつけたのかはわかりませんが、センスが光《ひか》りますね。

こうした異名は、もちろん、独特《どくとく》の風貌《ふうぼう》によるものです。頬《ほほ》の両側《りょうがわ》は板状《いたじょう》に突出《とっしゅつ》しており、吻部《ふんぶ》（突《つ》き出《だ》した口《くち》もと）は前方《ぜんぽう》に長《なが》く伸《の》びます。現生《げんせい》の動物《どうぶつ》でいえば、イボイノシシに近《ちか》い姿《すがた》ですが、アルカエオテリウムはイボイノシシよりも「高《たか》さ」がありました。その食性《しょくせい》は腐肉食性《ふにくしょくせい》で、「何《なん》でも食《た》べた」と言《い》われています。

ワクワクこぼれ噺《はなし》：四肢《しし》が長《なが》いことも特徴《とくちょう》で、肩高《けんこう》は1mになります。

人《じん》類《るい》の祖《そ》先《せん》が目《もく》撃《げき》？ ユニコーンのモデル!?

エラスモテリウム

- **名前《なまえ》**：エラスモテリウム
- **頭胴長《とうどうちょう》**：4.5m
- **生《い》きていた時代《じだい》**：新生代第四紀《しんせいだいだいよんき》
- **学名《がくめい》**：*Elasmotherium*
- **化石《かせき》の産地《さんち》**：ロシア、トルクメニスタン、中国《ちゅうごく》ほか
- **分類《ぶんるい》**：哺乳類《ほにゅうるい》 奇蹄類《きているい》 サイ類《るい》

古《ふる》い文献《ぶんけん》には、ユニコーンの特徴《とくちょう》は「頭《あたま》は雄《お》ジカ」「足《あし》はゾウ」「尾《お》はイノシシ」「額《ひたい》に長いツノ」と書《か》かれています。どっしりとした姿の絶《ぜつ》滅《めつ》哺《ほ》乳類《にゅうるい》であるエラスモテリウムは、「ゾウのような足」をもち、「額に長いツノ」がありました。とくに、「額に長いツノ」をもつ哺乳類は多《おお》くないため、ユニコーンのモデルだったのではないか、という説《せつ》があります。

近年《きんねん》の研究《けんきゅう》で、人類《じんるい》の祖先《そせん》がかつて、中央《ちゅうおう》アジアで生《い》きているエラスモテリウムを見《み》たことがあるのでは、と指摘《してき》されています。それがヨーロッパへ伝《つた》えられる間《あいだ》に、ひょっとしたら私《わたし》たちの知《し》るユニコーンへと姿が変《か》わっていったのかもしれません。

ワクワクこぼれ噺《はなし》：ツノは毛《け》でできているため、化石《かせき》には残《のこ》りません。

ええ!? ウマとゴリラの"かけあわせ"?

カリコテリウム

名前《なまえ》: カリコテリウム
肩高《けんこう》: 1.8m
生《い》きていた時代《じだい》: 新生代新第三紀《しんせいだいしんだいさんき》
学名《がくめい》: *Chalicotherium*
化石《かせき》の産地《さんち》: フランス、ドイツ、オーストラリアほか
分類《ぶんるい》: 哺乳類《ほにゅうるい》 奇蹄類《きているい》 カリコテリウム類《るい》

ウマに代表《だいひょう》される哺乳類《ほにゅうるい》のグループを「奇蹄類《きているい》」と呼《よ》びます。現生動物《げんせいどうぶつ》では、ウマのほかにバクやサイが属《ぞく》するグループです。

カリコテリウムは、そんな奇蹄類に属する絶滅《ぜつめつ》哺乳類《ほにゅうるい》です。特徴《とくちょう》は何《なん》と言《い》っても、その長《なが》い前脚《まえあし》。後《うし》ろ脚よりも前脚が極端《きょくたん》に長い四足動物《しそくどうぶつ》は、それだけでも珍《めずら》しい存在《そんざい》です。それに加《くわ》えて、奇「蹄」類なのに、「蹄《ひづめ》」ではなく「カギ爪《づめ》」をもっていました。しかも、手《て》の平《ひら》をついて歩《ある》くのではなく、軽《かる》く握《にぎ》った拳《こぶし》をついて歩いていた、つまり「ナックルウォーキング」をしていたとみられています。こうした点《てん》からカリコテリウムのことを、「ウマとゴリラの雑種《ざっしゅ》」と評《ひょう》した研究者《けんきゅうしゃ》もいます。

ワクワクこぼれ噺《はなし》: やわらかい木《き》の葉《は》などを手繰《たぐ》り寄《よ》せて食《た》べていたようです。

ホントに祖先《そせん》？ カバじゃない!? 鼻《はな》ペチャで胴長短足《どうながたんそく》の“ゾウ”

モエリテリウム

- 名前《なまえ》：モエリテリウム
- 学名《がくめい》：*Moeritherium*
- 頭胴長《とうどうちょう》：2m
- 化石《かせき》の産地《さんち》：エジプト
- 生《い》きていた時代《じだい》：新生代古第三紀《しんせいだいこだいさんき》
- 分類《ぶんるい》：哺乳類《ほにゅうるい》 真獣《しんじゅう》類 長鼻類《ちょうびるい》

頭胴長《とうどうちょう》が2ｍほどもあるにもかかわらず、肩《かた》の高《たか》さが60㎝ほどしかないという、胴長《どうなが》で短足《たんそく》の初期《しょき》の長鼻《ちょうび》類《るい》（ゾウの仲間《なかま》）です。どことなく、現生のコビトカバに似《に》た風貌《ふうぼう》ですが、コビトカバは頭胴長1・8ｍに対《たい》して、肩の高さは1ｍほどあります。コビトカバよりも少《すこ》し胴長でずっと短足なのです。

モエリテリウムは、河川《かせん》あるいは湖《みずうみ》の水辺《みずべ》近《ちか》くで半陸半水《はんりくはんすい》の生活《せいかつ》をしていたようです。「長鼻」類ではあるのですが、ゾウ類のような「長《なが》い鼻《はな》」はありませんでした。牙《きば》もあるにはあるのですが、あまり長くはありませんでした。

〝長鼻類っぽさ〟がまだあまり感《かん》じられませんね。

ワクワクこぼれ噺《はなし》： 長鼻類の「牙」は、犬歯《けんし》ではなく「切歯《せっし》」（前歯《まえば》）です。

初期《しょき》のウマ類《るい》は まさかの柴犬《しばいぬ》サイズ!?

ヒラコテリウム

- **名前《なまえ》**：ヒラコテリウム
- **頭胴長《とうどうちょう》**：50cm
- **生《い》きていた時代《じだい》**：新生代《しんせいだい》古第三紀《こだいさんき》
- **学名《がくめい》**：*Hyracotherium*
- **化石《かせき》の産地《さんち》**：アメリカ、イギリス、フランスほか
- **分類《ぶんるい》**：哺乳類《ほにゅうるい》 真獣類《しんじゅうるい》 奇蹄類《きているい》 ウマ類《るい》

もっとも初期《しょき》のウマ類《るい》。とても小《こ》柄《がら》です。現生《げんせい》ウマ類で小型品種《こがたひんしゅ》として知《し》られるポニーの、3分《ぶん》の1以下《いか》の大《おお》きさしかありませんでした。この大きさは、現代日本《げんだいにほん》で見《み》ることのできる柴犬《しばいぬ》やシェットランド・シープドッグといった、〝やや大きめの小型犬《こがたけん》〟と同《おな》じくらいなのです。現《げん》在《ざい》のウマ類のように、ヒトを乗《の》せて移動《いどう》することなんて、とてもできません。

また、現生ウマ類の脚《あし》には各《かく》1本《ぽん》の蹄《ひづめ》しかありませんが、ヒラコテリウムは、前脚《まえあし》に4本《ほん》、後《うし》ろ脚《あし》に3本《ぼん》の小《ちい》さな蹄がありました。

木《き》の多《おお》い地域《ちいき》で暮《く》らしていたようで、足《あし》の速《はや》さも現生ウマ類のような駿速《しゅんそく》ではなかったとみられています。

ワクワクこぼれ噺《はなし》：ウマ類は進化《しんか》すると、蹄の数が減《へ》っていきます。

ウマに見《み》えるけども……またカンガルーかーい！

じつは、ウマさんよりも先輩《せんぱい》なんですよ

トアテリウム

- **名前《なまえ》**：トアテリウム
- **肩高《けんこう》**：50cm
- **生《い》きていた時代《じだい》**：新生代新第三紀《しんせいだいしんだいさんき》
- **学名《がくめい》**：*Thoatherium*
- **化石《かせき》の産地《さんち》**：アルゼンチン
- **分類《ぶんるい》**：単弓類《たんきゅうるい》 哺乳類《ほにゅうるい》 有袋類《ゆうたいるい》

トアテリウムもまた、収斂進化《しゅうれんしんか》（91ページ）の代表例《だいひょうれい》といえます。

いささか小型ではあるけれども、スラッと伸《の》びた脚の先《さき》に蹄が1つ。この姿《すがた》は、現生のウマ類と酷似《こくじ》しています。しかし、トアテリウムはティラコスミルス（91ページ）と同《おな》じカンガルーの仲間《なかま》（有袋類《ゆうたいるい》）です。

100ページで紹介《しょうかい》したように、ウマ類の脚には、最初《さいしょ》は複数本《ふくすうほん》の指《ゆび》がありました。進化するにつれてその指の本数《ほんすう》は減少《げんしょう》し、最終的《さいしゅうてき》に1本《ぽん》の指（蹄）となったわけです。

トアテリウムの仲間も祖先《そせん》は複数本の指がありました。ウマ類と同《おな》じ進化の道筋《みちすじ》を辿《たど》ったわけですが、じつはウマ類よりも1000万年以上《まんねんいじょう》も早《はや》くその道を歩《ある》きました。

ワクワクこぼれ噺《はなし》：当時《とうじ》、南米大陸《なんべいたいりく》にはたくさんの有袋類がいました。

え？ 何《なに》かが足《た》りない？
あなたは違和感《いわかん》を感《かん》じるか!?

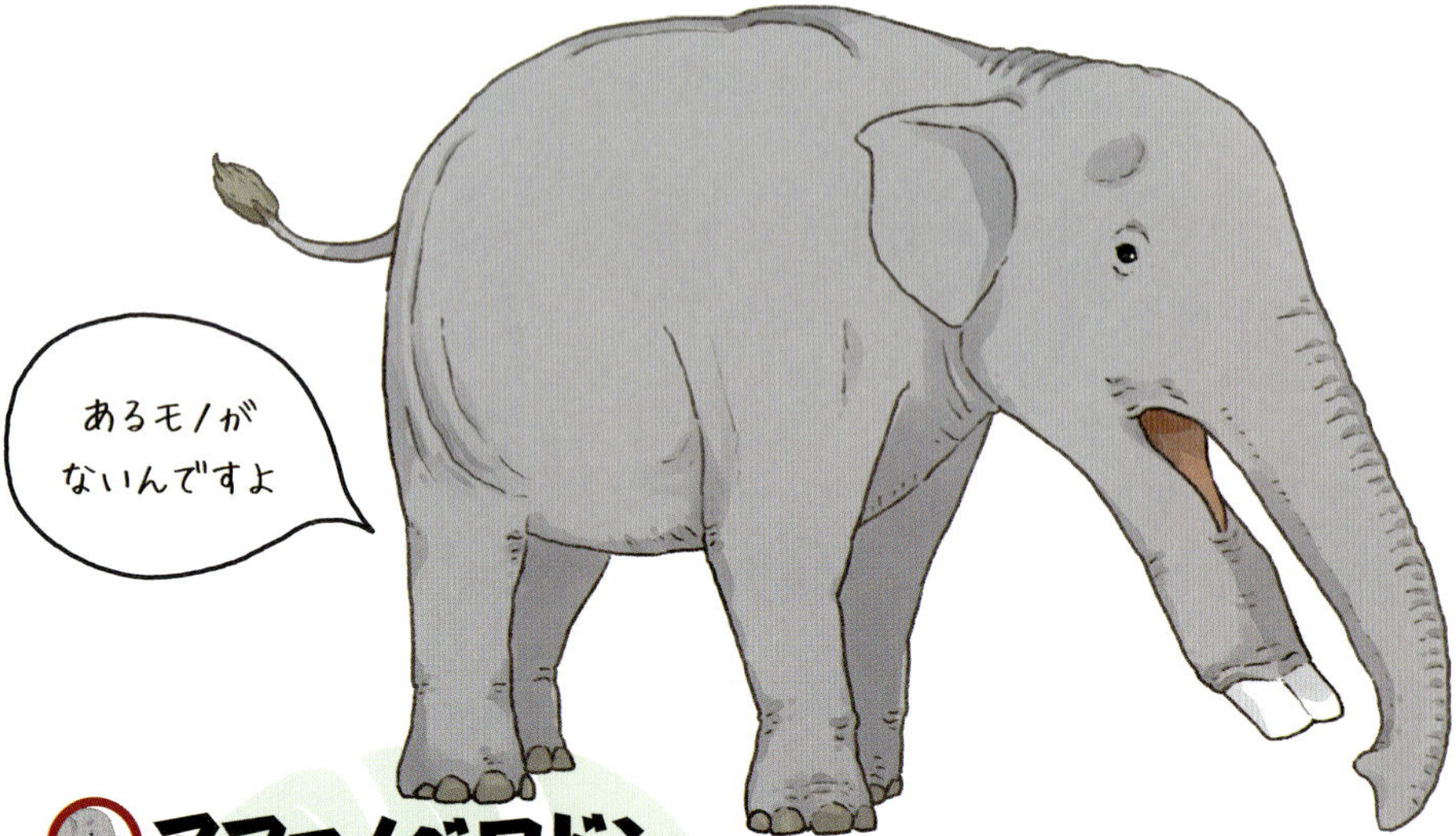

アファノベロドン

- **名前《なまえ》**：アファノベロドン
- **下顎《したあご》の長《なが》さ**：1.5m
- **生《い》きていた時代《じだい》**：新生代新第三紀《しんせいだいしんだいさんき》
- **学名《がくめい》**：*Aphanobelodon*
- **化石《かせき》の産地《さんち》**：中国《ちゅうごく》
- **分類《ぶんるい》**：哺乳類《ほにゅうるい》 長鼻類《ちょうびるい》

長鼻類《ちょうびるい》の1種《しゅ》です……が、何《なに》かが足《た》りません。お気《き》づきでしょうか。もしも、お気づきでなければ、103ページのコウガゾウや、142ページのナウマンゾウ、140ページのケナガマンモスなどと見比《みくら》べてみてください。……気づかれましたか？

そう！ アファノベロドンには、上《うわ》顎《あご》の牙《きば》がないのです。雄《おす》だから、あるいは雌《めす》だから、もしくは、幼獣《ようじゅう》・成獣《せいじゅう》だからない、というものではなく、性《せい》別《べつ》・世代《せだい》に関係《かんけい》なく、アファノベロドンには上顎の牙がありません。これは長鼻類の中《なか》で極《きわ》めて珍《めずら》しい特徴《とくちょう》です。そもそも、「*Aphanobelodon*」という学名《がくめい》も、「不可視《ふかし》の前歯《まえば》（牙）」という意味《いみ》にちなみます。なぜ、上顎に牙《きば》がないのかは、謎《なぞ》となっているのです。

ワクワクこぼれ噺《はなし》： 合計《ごうけい》10頭分《とうぶん》の化石《かせき》が同《おな》じ場所《ばしょ》で見《み》つかりました。

左《さ》右《ゆう》の牙《きば》がくっつきすぎて まさかの 鼻《はな》が通《とお》らない？

コウガゾウ

- **名前《なまえ》**：ステゴドン・ズダンスキィ
- **肩高《けんこう》**：3.8m
- **生《い》きていた時代《じだい》**：新生代古第三紀《しんせいだいこだいさんき》
- **学名《がくめい》**：*Stegodon zdanskyi*
- **化石《かせき》の産地《さんち》**：中国《ちゅうごく》
- **分類《ぶんるい》**：哺乳類《ほにゅうるい》 長鼻類《ちょうびるい》

ステゴドンは、ゾウ類《るい》と近縁《きんえん》の長鼻類のグループです。一見《いっけん》すると、ゾウ類によく似《に》ていますが、ゾウ類の牙が外《そと》に弧《こ》を描《えが》きながら伸《の》びることに対《たい》して、ステゴドンの牙は内側《うちがわ》に弧を描きながら伸《の》びます。

ステゴドンの中でも、「コウガゾウ（黄河象《こうがぞう》）」の愛称《あいしょう》で知《し》られる本《ほん》種《しゅ》は、左右《さゆう》の牙が内側にしなりすぎていて、接触寸前《せっしょくすんぜん》になっていました。そのため、牙の間《あいだ》に鼻《はな》を通《とお》すスペースがありませんでした。

……と思《おも》われていましたが、「さすがに、そんなことはないだろう」という指摘《してき》も多《おお》くあります。地層《ちそう》の中で化石化《かせきか》する過程《かてい》でつぶされて、必要以上《ひつよういじょう》にしなってしまったのではないか、というわけです。

ワクワクこぼれ噺《はなし》：近縁種の牙は、ここまでしなっていません。

1966年《ねん》に初《はじ》めてその化石《かせき》が報《ほう》告《こく》されてからずっと、正体不明《しょうたいふめい》、分《ぶん》類不明《るいふめい》、生態不明《せいたいふめい》の「謎《なぞ》の動物《どうぶつ》」とされてきました。平《ひら》たいからだの左《さ》右《ゆう》に伸《の》びた細《ほそ》い軸《じく》の先《さき》に小《ちい》さな眼《め》が1つずつ、からだの一端《いったん》は細長《ほそなが》くチューブのように伸びていて、その先にハサミが1つ……このあまりにも不可思議《ふかしぎ》な姿《すがた》は、現在《げんざい》の地球《ちきゅう》にいるどの動物とも似《に》ていません。わかっているのは、おそらく川《かわ》で暮《く》らしていたということくらいです。

2016年、その化石を1200個以上《こいじょう》も詳《くわ》しく調《しら》べた研究《けんきゅう》が発表《はっぴょう》されました。この研究では、魚《さかな》と同《おな》じ特徴がいくつもあることが指摘《してき》されました。つまり、ちょっと変《か》わった姿をしていますが、ツリモンストラ

アメリカを代表《だいひょう》する
モンスター!?
結局《けっきょく》、お前《まえ》は何《なん》なんだ!

ツリモンストラム

アメリカでは、イリノイ州《しゅう》の「州の化石《かせき》」に認定《にんてい》されるほどの知名度《ちめいど》をもつ。その一方《いっぽう》で、正体《しょうたい》は謎《なぞ》に包《つつ》まれている。

- **名前《なまえ》**：ツリモンストラム
- **全長《ぜんちょう》**：40cm
- **生《い》きていた時代《じだい》**：古生代石炭紀《こせいだいせきたんき》
- **学名《がくめい》**：*Tullimonstrum*
- **化石《かせき》の産地《さんち》**：アメリカ
- **分類《ぶんるい》**：不明《ふめい》

ムは魚の仲間《なかま》だったということがわかったのです。これによって、復元《ふくげん》図《ず》もどことなく魚に近《ちか》いものに変更《へんこう》されることになりました。

50年にわたる謎がついに解《と》けた！……はずだったのですが、じつはこの2016年の研究は、翌《よく》17年には否定《ひてい》されることになります。簡単《かんたん》にいえば、先《さき》の研究結果《けっか》は〝見間違《みまちが》い〟だったというのです。

こうして、またしても、謎の動物に戻《もど》ってしまったのです。

豆知識《まめちしき》

2016年の研究では、現在《げんざい》のヤツメウナギの仲間（無顎類《むがくるい》）ではないかとされ、復元図もヤツメウナギを意識《いしき》したものに変更《へんこう》されました。

ワクワクこぼれ噺《ばなし》：発見者《はっけんしゃ》にちなむ、「ターリーモンスター」の愛称《あいしょう》で有名《ゆうめい》です。

左右《さゆう》が半個分《はんこぶん》ズレる？ 謎《なぞ》の生物群《せいぶつぐん》の代表《だいひょう》

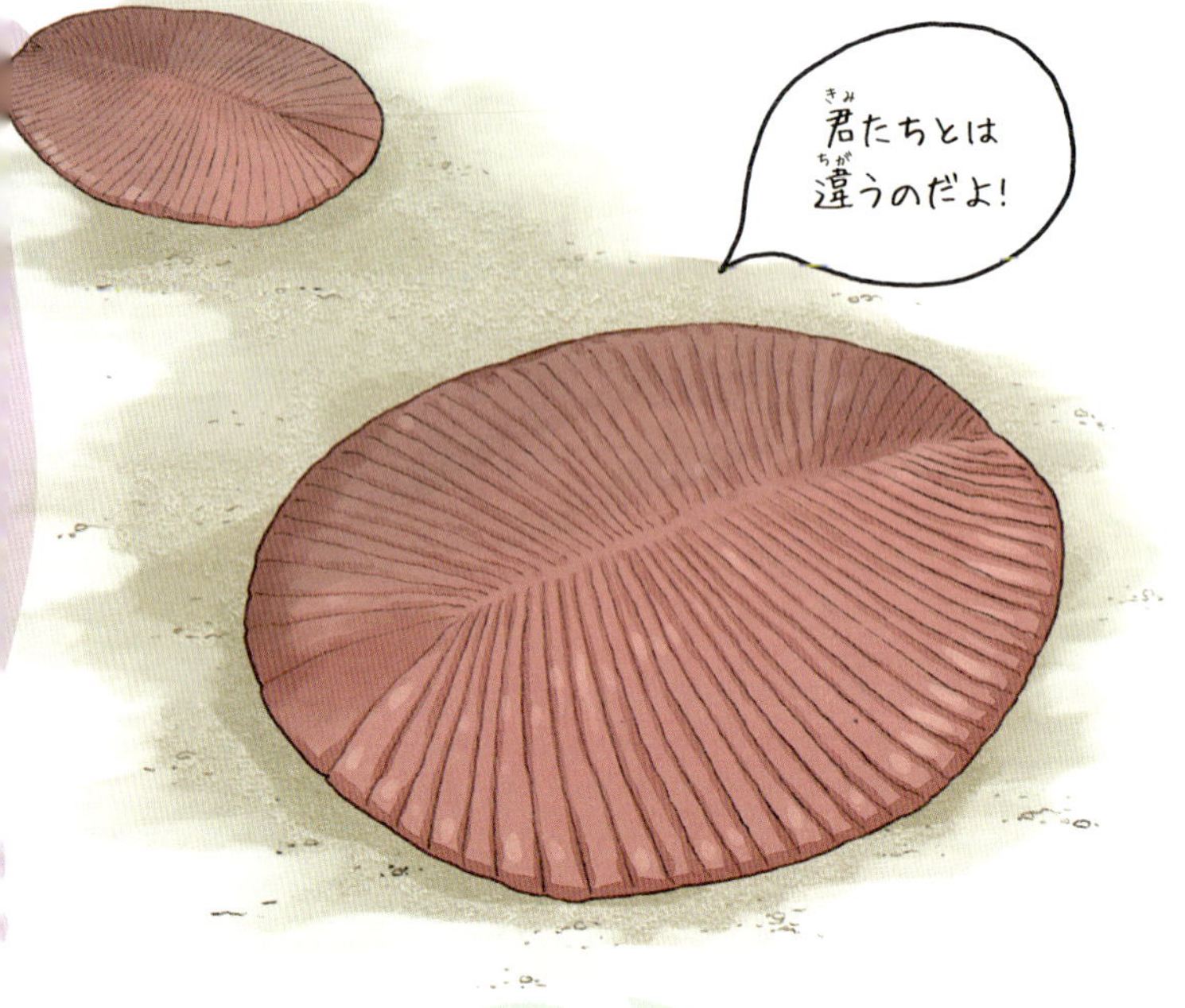

ディッキンソニア

- **名前《なまえ》**：ディッキンソニア
- **全長《ぜんちょう》**：1m
- **生《い》きていた時代《じだい》**：先《せん》カンブリア時代《じだい》エディアカラ紀《き》
- **学名《がくめい》**：*Dickinsonia*
- **化石《かせき》の産地《さんち》**：オーストラリア、ロシア
- **分類《ぶんるい》**：不明《ふめい》

今《いま》から約《やく》６億《おく》３５００万年前《まんねんまえ》～約５億４１００万年前を、「エディアカラ紀《き》」と呼《よ》びます。本書《ほんしょ》で紹介《しょうかい》しているすべての時代《じだい》の中《なか》で、もっとも古《ふる》い時代です。その時代の生物《せいぶつ》は、約５億４１００万年前以降《いこう》の生物との類縁関係《るいえんかんけい》がよくわかっていないものばかり……。ディッキンソニアは、そんな謎《なぞ》の生物群《せいぶつぐん》の代表格《だいひょうかく》です。

ディッキンソニアは、背中《せなか》に節構造《ふしこうぞう》が並《なら》んでいます。一見《いっけん》すると、ただ並んでいるように見《み》えますが、中央《ちゅうおう》の線《せん》を挟《はさ》んで左右《さゆう》で「半個分《はんこぶん》」ズレているのです。からだのつくりが左右でズレる……そんな不思議《ふしぎ》な生物は、のちの時代にはみられません。そして、なぜ、ズレているのか、それもよくわかっていないのです。

ワクワクこぼれ噺《はなし》：当時《とうじ》の生物をまとめて、「エディアカラ生物群」と呼びます。

ヒトデもびっくり！
からだ3等分《とうぶん》の奇跡《きせき》

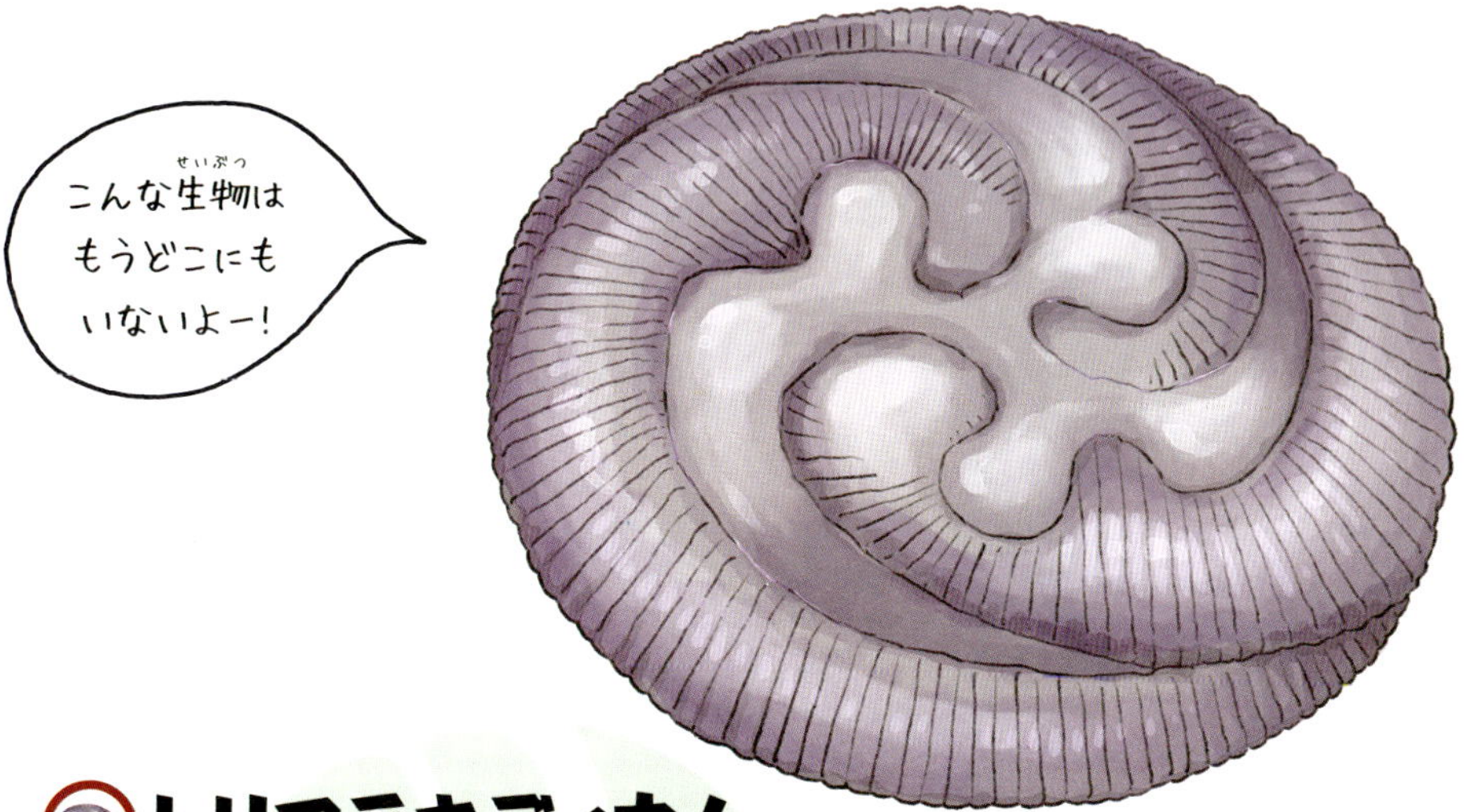

トリブラキディウム

- **名前《なまえ》**：トリブラキディウム
- **直径《ちょっけい》**：5cm
- **生《い》きていた時代《じだい》**：先《せん》カンブリア時代《じだい》エディアカラ紀《き》
- **学名《がくめい》**：*Tribrachidium*
- **化石《かせき》の産地《さんち》**：オーストラリア、ロシア
- **分類《ぶんるい》**：不明《ふめい》

本書に登場《とうじょう》する古生物《こせいぶつ》の中では、もっとも古いものの1つで、全身《ぜんしん》がブヨブヨとやわらかい生物です。動《どう》物《ぶつ》か植物《しょくぶつ》かさえもよくわからない謎の生物でもあります。

「卍《まんじ》」の文字《もじ》の〝腕《うで》〟が1本《ぽん》欠《か》けているような、そんなつくりをしていて、真上《まうえ》から見《み》たときに、このつくりがからだを3等分《とうぶん》に分《わ》けています。こうしたつくりのことを「3放《ほう》射相称《しゃそうしょう》」と呼びます。

3放射相称は、とても珍《めずら》しいからだのつくりです。肉眼《にくがん》で見ることができるサイズの生物は、5億4100万年前以降は確認《かくにん》されていません。それよりも以前《いぜん》の「エディアカラ紀」という時代にだけ確認されているのです。

ワクワクこぼれ噺《はなし》：たとえばヒトデは「5放射相称」と呼《よ》ばれます。

コラム

もっと知《し》りたい！

古生物《こせいぶつ》

古生物《こせいぶつ》は化石《かせき》から復元《ふくげん》される！　では、化石《かせき》とは何《なに》？

復元《ふくげん》のキーとなる化石《かせき》はどうやってつくられるのか？

メガロドン（75ページ）の化石《かせき》

写真《しゃしん》／オフィス ジオパレオント

この本《ほん》で紹介《しょうかい》している古生物《こせいぶつ》は、「化石《かせき》」から復元《ふくげん》されたものです。では、その「化石」は、どのようにしてできるのでしょうか？

まず、「そもそも化石とは何《なに》か」という点《てん》を押《おさ》えましょう。

化石とは、「地質時代《ちしつじだい》に生《い》きていた生物の遺骸《いがい》、もしくは、生活《せいかつ》の痕跡《こんせき》」のことです。「生活の痕跡」とは、足跡《あしあと》や巣穴《すあな》などのことです。「化石」と聞《き》くと、文字通《もじどお》り「石《いし》のように硬《かた》い」と思《おも》われるかもしれませんが、「硬い」ことは化石の条件《じょうけん》には含《ふく》まれていません。

化石がつくられるプロセスは、状況《じょうきょう》によってさまざまなものがありますが、もっとも基本的《きほんてき》なことは、「死《し》後《ご》、すばやく遺骸が埋没《まいぼつ》すること」です。

死《し》んだ遺骸が野《の》ざらしになっていると、肉食動物《にくしょくどうぶつ》に荒《あら》らされてしまったり、風雨《ふうう》によってダメージを受《う》けたりしてしまいます。そうしたこと

にならないように、死んだ遺骸はすみやかに地中《ちちゅう》に埋《う》もれる必要《ひつよう》があるのです。

そうして埋もれた遺骸は、多《おお》くの場合《ばあい》において筋肉《きんにく》などの軟組織《なんそしき》が分《ぶん》解《かい》されて、化石になっていきます。このとき、たとえば脊椎動物《せきついどうぶつ》の骨《ほね》においては、骨の組織《そしき》の孔《あな》を埋めるように細《こま》かな泥《どろ》の粒《つぶ》が入《はい》ったり、周囲《しゅうい》の成分《せいぶん》が溶《と》け込《こ》んでいくことで、硬くなっていくことがあります。よく勘違《かんちが》いされますが、生きているときの骨の主成分《しゅせいぶん》はリン酸《さん》カルシウム、化石の骨の主成分もリン酸カルシウムなので、成分が変化《へんか》しているわけではありません。

こうして長《なが》い時間《じかん》をかけて、地中で化石ができあがるのです。

化石《かせき》＝硬《かた》いというわけではない！化石化《かせきか》するためには何《なに》が必要《ひつよう》？

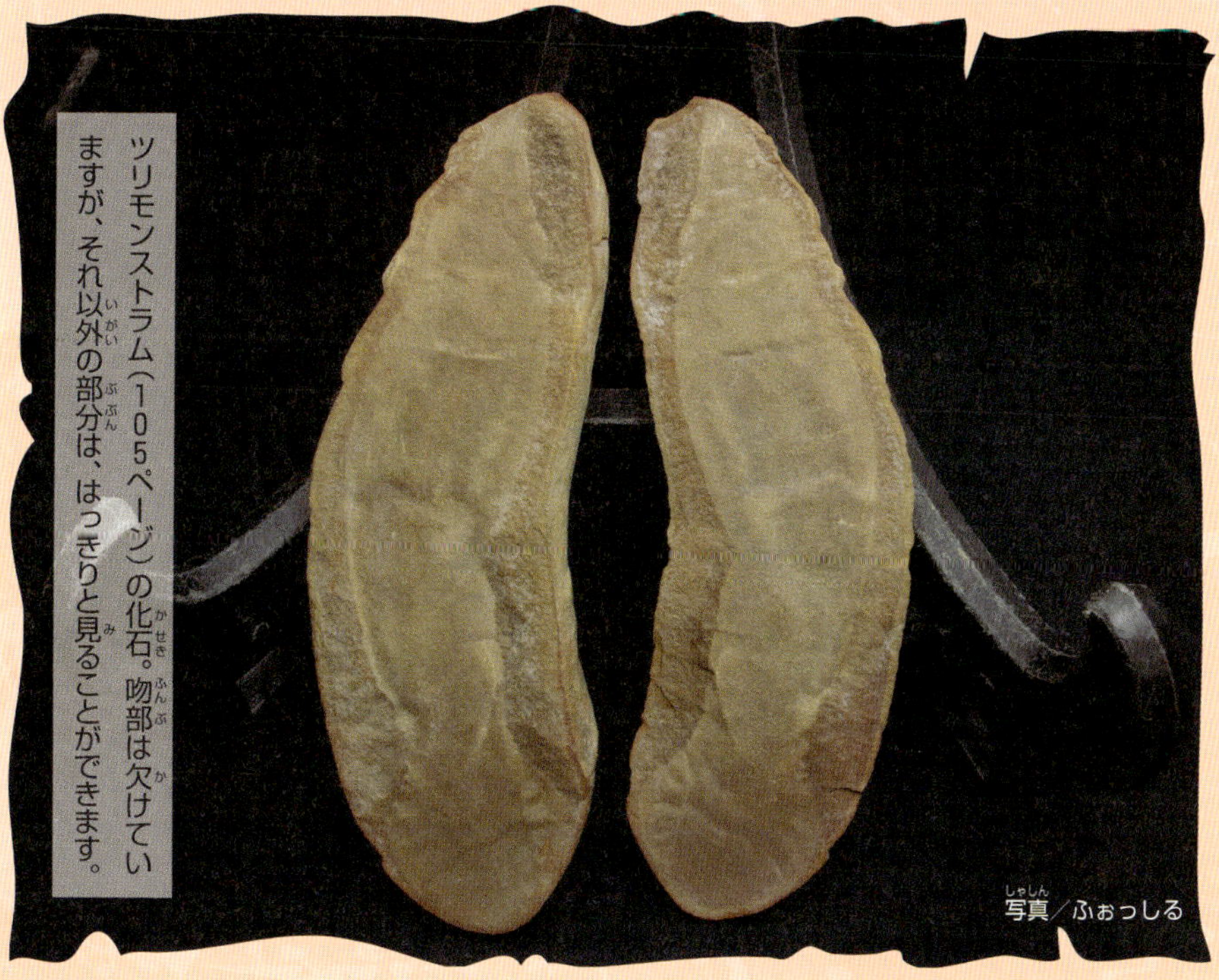

ツリモンストラム（105ページ）の化石《かせき》。吻部《ふんぶ》は欠《か》けていますが、それ以外《いがい》の部分《ぶぶん》は、はっきりと見《み》ることができます。

写真《しゃしん》／ふぉっしる

第《だい》3章《しょう》

思《おも》わず拍手《はくしゅ》！

一《いち》芸《げい》に秀《ひい》でた古《こ》生《せい》物《ぶつ》たちの不《ふ》思《し》議《ぎ》

研究《けんきゅう》が進《すす》むことによって、
想像《そうぞう》以上《いじょう》の能力《のうりょく》を
備《そな》えていたことがわかった
古生物《こせいぶつ》たちをご紹介《しょうかい》！現生《げんせい》の
生物《せいぶつ》たちと比《くら》べてみれば、
さらに楽《たの》しめちゃいます！

エーギロカシス

カンブリア紀《き》に栄《さか》えたアノマロカリス類《るい》。その生《い》き残《のこ》りが、次代《じだい》であるオルドビス紀の地層《ちそう》からみつかっている。

- **名前《なまえ》**：エーギロカシス
- **全長《ぜんちょう》**：2m
- **生《い》きていた時代《じだい》**：古生代《こせいだい》オルドビス紀《き》
- **学名《がくめい》**：*Aegirocassis*
- **化石《かせき》の産地《さんち》**：モロッコ
- **分類《ぶんるい》**：節足動物《せっそくどうぶつ》 アノマロカリス類《るい》

背《せ》中《なか》で呼吸《こきゅう》!? カンブリア紀覇者《きはしゃ》の“正統《せいとう》なる後継《こうけい》”

エーギロカシスは、今《いま》のところ、オルドビス紀《き》で唯一《ゆいいつ》知《し》られているアノマロカリス類《るい》です。

特徴《とくちょう》は背中《せなか》とヒレです。背中には、水棲動物《すいせいどうぶつ》にとっての呼吸器官《こきゅうきかん》であるエラが並《なら》んでいました。つまり、エーギロカシスは背中で呼吸《こきゅう》をしていたのです。

さらに、からだのわきのヒレが上《じょう》下《げ》2列《れつ》になっていたということも大《おお》きな特徴です。上下2列のヒレの役《やく》割《わり》についてはよくわかっていませんが、海底《かいてい》を歩《ある》くことはできなかったでしょう。

カンブリア紀のカナダにいた〝史《し》上最初《じょうさいしょ》の覇者《はしゃ》〟のアノマロカリス・カナデンシスは、硬《かた》い獲物《えもの》を食《た》べることができなかったと紹介《しょうかい》しました（41ページ）。では、エーギロカシスはどうだったのかといえば、どうやら獲物はプランクトンのような微生《びせい》物《ぶつ》だったようです。

エーギロカシスの触手《しょくしゅ》には、細《こま》かな櫛状構造《くしじょうこうぞう》があり、その触手を使《つか》うことで水中《すいちゅう》に浮遊《ふゆう》するプランクトンをガバッと捕《と》らえ、食べていたとみられています。

つまり、現在《げんざい》のヒゲクジラ類のような生態《せいたい》だったわけです。

豆知識《まめちしき》

化石《かせき》の見《み》つかったモロッコの「フェゾウアタ層《そう》」は、近《きん》年《ねん》オルドビス紀の、状態《じょうたい》のいい化石が産出《さんしゅつ》することで注目《ちゅうもく》されている地層《ちそう》です。

ワクワクこぼれ噺《はなし》: この時代《じだい》、全長《ぜんちょう》2mというサイズはかなり大型《おおがた》です。

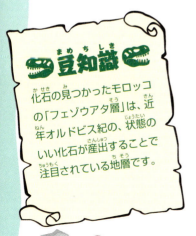

この"コブ"は
とってはあきまへん

巨大複眼《きょだいふくがん》の微小生物《びしょうせいぶつ》

"コブ"で光《ひかり》をキャッチ!

ゴティカリス

- **名前《なまえ》**：ゴティカリス
- **全長《ぜんちょう》**：2.7mm
- **生《い》きていた時代《じだい》**：古生代《こせいだい》カンブリア紀《き》
- **学名《がくめい》**：*Goticaris*
- **化石《かせき》の産地《さんち》**：スウェーデン
- **分類《ぶんるい》**：節足動物《せっそくどうぶつ》 甲殻類《こうかくるい》

頭部《とうぶ》の前面《ぜんめん》にびっしりとレンズが並《なら》び、複眼《ふくがん》をつくっています。三葉虫《さんようちゅう》類《るい》や昆虫類《こんちゅうるい》など、複眼をもつ動物《どうぶつ》はたくさんいますが、頭部の前面をすべて覆《おお》うほどの複眼をもつ種類《しゅるい》は、そうそういるものではありません。

複眼部分《ぶぶん》は、まるで裁縫道具《さいほうどうぐ》の「指貫《さしぬき》」のような形《かたち》をしており、その付《つ》け根《ね》には、民話《みんわ》『こぶとりじいさん』のコブのようなつくりが、左右《さゆう》に1本《ぼん》ずつ出《で》ています。民話のコブは〝やっかいなもの〟ですが、ゴティカリスの〝コブ〟は正中眼《せいちゅうがん》だったとみられています。正中眼とは、光《ひかり》を感知《かんち》することに特化《とっか》した眼《め》です。つまり、ゴティカリスは、複眼で景色《けしき》を把握《はあく》する一方《いっぽう》で、〝コブ〟で明暗《めいあん》を感《かん》じていたとみられているのです。

ワクワクこぼれ噺《はなし》：サイズにもご注目《ちゅうもく》ください。とっても微小《びしょう》！

宇《う》宙《ちゅう》から飛来《ひらい》した!? 虹色《にじいろ》のツノをもつ生物《せいぶつ》

マルレラ

- 名前《なまえ》：マルレラ
- 全長《ぜんちょう》：2.5cm
- 生《い》きていた時代《じだい》：古生代《こせいだい》カンブリア紀《き》
- 学名《がくめい》：*Marrella*
- 化石《かせき》の産地《さんち》：カナダ
- 分類《ぶんるい》：節足動物《せっそくどうぶつ》

アノマロカリス・カナデンシス（44ページ）たちが生《い》きていた海《うみ》で、活発《かっぱつ》に泳《およ》ぎ回《まわ》っていました。

一般《いっぱん》に化石《かせき》となった古生物《こせいぶつ》は、基《き》本的《ほんてき》には色《いろ》はわかりません。ですから、この本《ほん》で描《えが》かれている古生物の色は、ほとんどが想像《そうぞう》です。

しかし、マルレラのツノはちがいます。このツノにはとても細《ほそ》い溝《みぞ》がいくつもありました。この溝に光が当《あ》たると、虹色《にじいろ》の光を反射《はんしゃ》したとみられています。これは、現代《げんだい》のCDやDVDの裏面《うらめん》と同《おな》じつくりです。角《かく》度によって色が微妙《びみょう》に変《か》わるのです。

わずか2.5㎝の小《ちい》さな動物ですが、当時《とうじ》の海における存在感《そんざいかん》は相当《そうとう》なものだったことでしょう。とても〝派《は》手《で》なコ〟だったのです。

ワクワクこぼれ噺《はなし》：エラの並《なら》ぶその姿《すがた》は、「レースガニ」とも呼《よ》ばれています。

イカついカタツムリ!? 塹壕戦《ざんごうせん》はお手《て》の物《もの》？

アサフス・コワレウスキー

- **名前《なまえ》**：アサフス・コワレウスキー
- **全長《ぜんちょう》**：11cm
- **生《い》きていた時代《じだい》**：古生代《こせいだい》オルドビス紀《き》
- **学名《がくめい》**：*Asaphus kowalewskii*
- **化石《かせき》の産地《さんち》**：ロシア、エストニア、スウェーデンほか
- **分類《ぶんるい》**：三葉虫類《さんようちゅうるい》

まるで、現生《げんせい》のカタツムリのような長《なが》い柄《え》の先《さき》に小《ちい》さな眼《め》がついている三葉虫《さんようちゅう》です。もっとも、カタツムリの〝柄〟は伸縮自在《しんしゅくじざい》でやわらかく、角度《かくど》も自由《じゆう》に調整《ちょうせい》できますが、アサフス・コワレウスキーの柄は伸《の》び縮《ちぢ》みせず、また、やわらかくもありません。硬《かた》い殻《から》と同《おな》じ成分《せいぶん》でできていて、殻と一体化《いったいか》しているのです。

生活《せいかつ》スタイルとしては、海底《かいてい》に溝《みぞ》を掘《ほ》って暮《く》らしていたようです。その溝の深《ふか》さは柄の長さと同《おな》じくらい。つまり、近現代《きんげんだい》の戦争《せんそう》における塹壕《ざんごう》（戦争などで銃撃《じゅうげき》から身《み》を守《まも》るために使《つか》う穴《あな》や溝）のように、溝の中《なか》に身《み》を隠《かく》しながら、高《たか》い眼《め》を潜望《せんぼう》鏡《きょう》のように使《つか》って外《そと》のようすをうかがうことができたのです。

ワクワクこぼれ噺《はなし》： アサフスという種類《しゅるい》のなかでも、コワレウスキーほどの高い柄をもつものはいません。

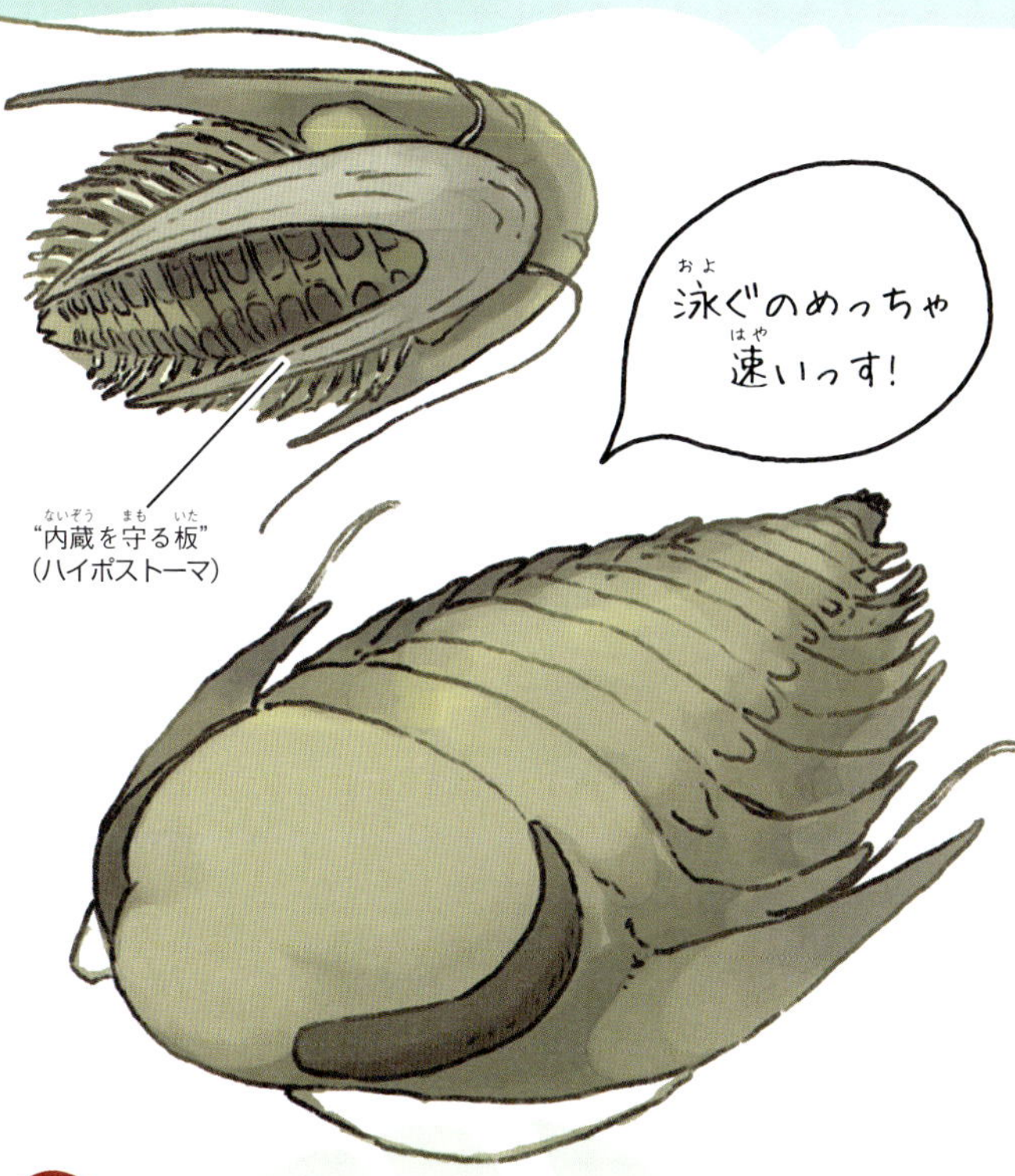

泳《およ》ぐだけで獲物《えもの》が口《くち》に入ってくる!

ハイポディクラノタス

- **名前《なまえ》**:ハイポディクラノタス
- **全長《ぜんちょう》**:26mm
- **生《い》きていた時代《じだい》**:古生代《こせいだい》オルドビス紀《き》
- **学名《がくめい》**:*Hypodicranotus*
- **化石《かせき》の産地《さんち》**:カナダ、アメリカ、イギリス
- **分類《ぶんるい》**:節足動物《せっそくどうぶつ》 三葉虫類《さんようちゅうるい》

戦闘機《せんとうき》を彷彿《ほうふつ》とさせるような、流《りゅう》線《せん》型《けい》の殻をもっていた「三葉虫類《さんようちゅうるい》」です。水中《すいちゅう》を泳《およ》ぐ動物《どうぶつ》が「流線型の殻」をもつということは、それだけ水《みず》の抵抗《ていこう》を弱《よわ》くすることができたということ。つまり、高速《こうそく》で泳げたということを意味《いみ》しています。

すべての三葉虫類は、胸部《きょうぶ》の底《そこ》にはエラのついた肢《あし》が並《なら》んでいます。また、頭部《とうぶ》には内臓《ないぞう》が集中《しゅうちゅう》し、その底に〝内臓を守《まも》るための板《いた》〟と口《くち》があります。ハイポディクラノタスの場合《ばあい》、この〝板〟の形がいささか特《とく》殊《しゅ》で、泳ぐ際《さい》に腹側《はらがわ》の水の抵抗を減《へ》らすほか、前《まえ》に向《む》かって泳ぐだけで殻の底に渦《うず》が発生《はっせい》し、餌《えさ》であるプランクトンと酸素《さんそ》を含《ふく》む水を自然《しぜん》に口とエラに運《はこ》ぶことができました。

ワクワクこぼれ噺《はなし》:帯状《おびじょう》の複眼《ふくがん》で、広《ひろ》い視界《しかい》を確保《かくほ》できました。

まるで巨大《きょだい》なビル!?
驚愕《きょうがく》のレンズタワー!

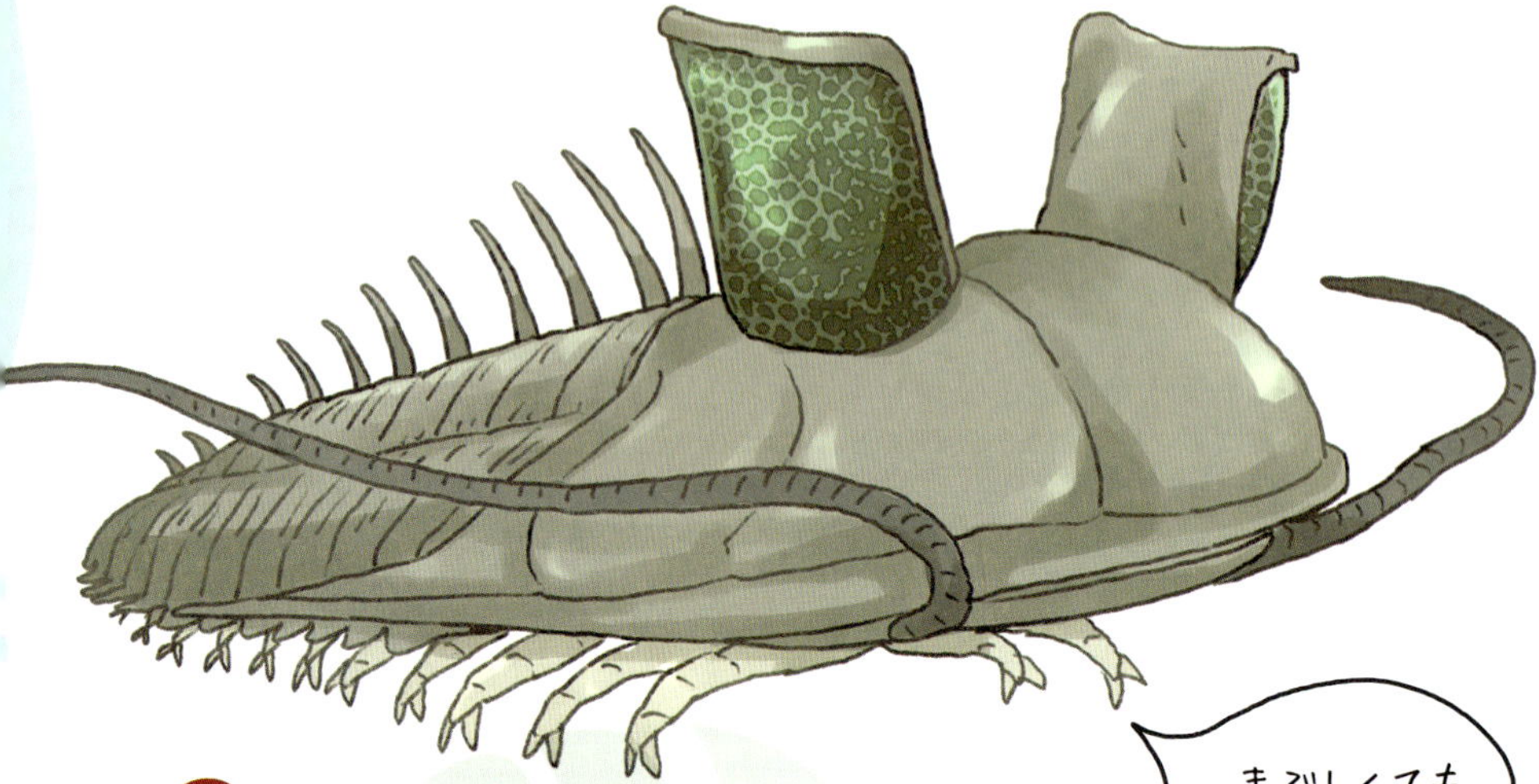

エルベノチレ

- 名前《なまえ》：エルベノチレ
- 全長《ぜんちょう》：5cm
- 生《い》きていた時代《じだい》：古生代《こせいだい》デボン紀《き》
- 学名《がくめい》：*Erbenochile*
- 化石《かせき》の産地《さんち》：モロッコ
- 分類《ぶんるい》：節足動物《せっそくどうぶつ》 三葉虫類《さんようちゅうるい》

すべての三葉虫《さんようちゅう》は、現生《げんせい》の昆虫類《こんちゅうるい》と同《おな》じように、小《ちい》さなレンズが集《あつ》まった複眼《ふくがん》をもっていました。ただし、種《しゅ》によってそのレンズの大《おお》きさが異《こと》なります。あまりにもレンズが小さいため、肉眼《にくがん》では個々《ここ》のレンズが識《しき》別《べつ》できないものも少《すく》なくありません。

エルベノチレは、比較的《ひかくてき》大きなレンズが縦《たて》に重《かさ》なってタワーをつくっていました。縦に広《ひろ》い視界《しかい》を確保《かくほ》しつつ、遠方《えんぽう》まで見《み》ることができたのです。

〝複眼タワー〟の頂点《ちょうてん》は水平方向《すいへいほうこう》に少しでっぱっていました。このでっぱりが「庇《ひさし》」となり、真上《まうえ》からの日《にっ》光《こう》がレンズに入《はい》ることを防《ふせ》いだようです。日光の強《つよ》い浅海底《せんかいてい》でも、まぶしさに負《ま》けることはなかったのです。

ワクワクこぼれ噺《はなし》： 近縁《きんえん》の三葉虫は皆《みな》、レンズが大きいものばかりです。

体《たい》内《ない》受《じゅ》精《せい》のはじまり!?
腰《こし》を左右《さゆう》に振《ふ》って交尾《こうび》

ミクロブラキウス

- **名前《なまえ》**：ミクロブラキウス
- **全長《ぜんちょう》**：6cm
- **生《い》きていた時代《じだい》**：古生代《こせいだい》デボン紀《き》
- **学名《がくめい》**：*Microbrachius*
- **化石《かせき》の産地《さんち》**：スコットランド、中国《ちゅうごく》、エストニア
- **分類《ぶんるい》**：板皮類《ばんぴるい》

魚《さかな》といえば、雌《めす》が産《う》んだ卵《たまご》の上《うえ》に雄《おす》が精子《せいし》をかける「体外受精《たいがいじゅせい》」。そう記憶《きおく》している人《ひと》もいるでしょう。しかし、何《なん》にでも例外《れいがい》はあるもので現生のサメの仲間《なかま》の雄は、「クラスパー」と呼《よ》ばれる生殖器《せいしょくき》を2本《ほん》もち、これを雌の生殖器に挿入《そうにゅう》する「体内《たいない》受精《じゅせい》」を行《おこ》ないます。

「板皮類《ばんぴるい》」に属《ぞく》するミクロブラキウスも、そんな〝クラスパーもち〟の1つで、確認《かくにん》されている限《かぎ》りもっとも古《ふる》い存在《そんざい》です。雄は胸部《きょうぶ》の後《うし》ろの端《はし》に左右《さゆう》に伸《の》びるクラスパーをもち、雌の胸部後端《こうたん》には生殖器とみられる割《わ》れ目《め》がありました。ミクロブラキウスの雄はセクシーに腰《こし》を振《ふ》りながら、雌の生殖器にクラスパーを挿入し、交尾《こうび》をしていたようです。

ワクワクこぼれ噺《はなし》: 板皮類には、「胎生《たいせい》の証拠《しょうこ》」のある化石《かせき》も見《み》つかっています。

柔軟性《じゅうなんせい》が最大《さいだい》の武器《ぶき》!? 180度《ど》までからだが曲《ま》がる!

スリモニア

- **名前《なまえ》**：スリモニア
- **全長《ぜんちょう》**：90cm
- **生《い》きていた時代《じだい》**：古生代《こせいだい》シルル紀《き》〜デボン紀《き》
- **学名《がくめい》**：*Slimonia*
- **化石《かせき》の産地《さんち》**：チェコ、イギリス、アメリカほか
- **分類《ぶんるい》**：節足動物《せっそくどうぶつ》 鋏角類《きょうかくるい》 ウミサソリ類《るい》

四角《しかく》い頭部《とうぶ》が特徴《とくちょう》のウミサソリ類《るい》です。〝尾《お》〟の先端《せんたん》が水平方向《すいへいほうこう》に広《ひろ》がっていて、その縁《ふち》にはノコギリの刃《は》のようなギザギザが発達《はったつ》していました。また、広がった尾からは、1本《ぽん》の鋭《するど》いトゲが長《なが》く伸《の》びていました。

2017年《ねん》に報告《ほうこく》された研究《けんきゅう》によると、スリモニアは、からだの後半《こうはん》部《ぶ》を左右《さゆう》に曲《ま》げることができたようです。それは、尾から伸びるトゲがほぼ完全《かんぜん》に前《まえ》を向《む》くほどまで、つまり180度《ど》に近《ちか》い角度《かくど》まで曲げられる柔軟性《じゅうなんせい》がありました。

多数《たすう》の肢《あし》で獲物《えもの》をがっしりと確保《かくほ》すれば、その獲物をトゲで突《つ》き刺《さ》すことも、尾の先端の縁にあるノコギリ状《じょう》の構造《こうぞう》で刻《きざ》むこともできたわけです。

ワクワクこぼれ噺《はなし》：プテリゴトゥス（121ページ）とは近縁《きんえん》とされます。

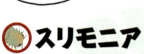

垂直尾翼《すいちょくびよく》まで搭載《とうさい》！
徹底的《てっていてき》な遊泳仕様《ゆうえいしよう》

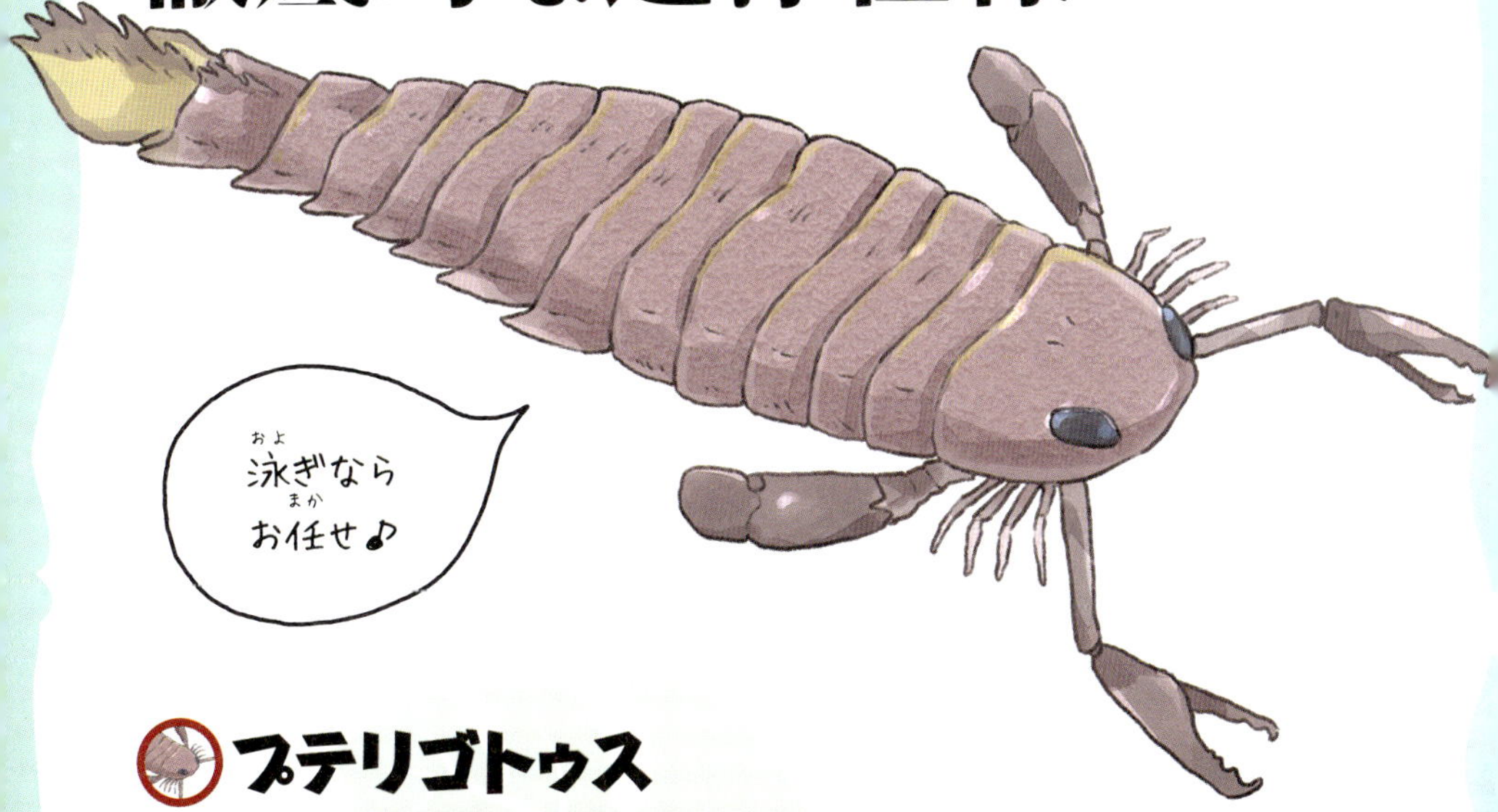

プテリゴトゥス

- **名前《なまえ》**：プテリゴトゥス
- **全長《ぜんちょう》**：60cm
- **生《い》きていた時代《じだい》**：古生代《こせいだい》シルル紀《き》〜デボン紀《き》
- **学名《がくめい》**：*Pterygotus*
- **化石《かせき》の産地《さんち》**：アメリカ、カナダ、イギリスほか
- **分類《ぶんるい》**：節足動物《せっそくどうぶつ》 鋏角類《きょうかくるい》 ウミサソリ類《るい》

遊泳能力《ゆうえいのうりょく》が高《たか》いウミサソリ類で、全身《ぜんしん》のさまざまなところに、そのスペックをみることができます。

大《おお》きな複眼《ふくがん》はものを鮮明《せんめい》に見《み》ることができて、高速遊泳《こうそくゆうえい》する獲物をしっかりと捕捉《ほそく》できました。そして、6対《つい》ある肢の内《うち》の1対は、その先《さき》が平《ひら》たくオール状になっており、高い推進《すいしん》力《りょく》を生《う》み出《だ》すことができたようです。

さらに、からだには、現代《げんだい》のゴルフボールのような細《こま》かな凹凸《おうとつ》があり、水中《すいちゅう》における水《みず》の抵抗《ていこう》を減《へ》らすことに役立《やくだ》っていたとみられています。

また、〝尾〟の先端は、現代の飛行機《ひこうき》でいうところの垂直尾翼《すいちょくびよく》に似《に》ていて、遊泳時《ゆうえいじ》の姿勢《しせい》の安定《あんてい》に役立っていたとみられています。かくも徹底《てってい》した「泳《およ》ぐためのからだ」のもち主《ぬし》でした。

ワクワクこぼれ噺《ばなし》：ウミサソリ類の中《なか》でも、屈指《くっし》の“進化型《しんかがた》”でした。

ディメトロドン

ペルム紀前期《きぜんき》の陸上世界《りくじょうせかい》に君臨《くんりん》した、当時《とうじ》、最大級《さいだいきゅう》の肉食動物《にくしょくどうぶつ》。ガッシリとした顎《あご》には、大《おお》きな牙《きば》があった。背中《せなか》の“帆《ほ》”がトレードマーク。

- **名前《なまえ》**：ディメトロドン
- **全長《ぜんちょう》**：3.5m
- **生《い》きていた時代《じだい》**：古生代《こせいだい》ペルム紀《き》
- **学名《がくめい》**：*Dimetrodon*
- **化石《かせき》の産地《さんち》**：アメリカ、ドイツ
- **分類《ぶんるい》**：単弓類《たんきゅうるい》“盤竜類《ばんりゅうるい》”

背中《せなか》の“帆《ほ》”は最高《さいこう》の進化《しんか》!?それとも役立《やくだ》たず?

ディメトロドンの〝帆《ほ》〟を支《ささ》える骨《ほね》の芯《しん》には、その内部《ないぶ》に血管《けっかん》があったとみられています。そのため、帆を太陽《たいよう》に当《あ》てることで血液《けつえき》が温《あたた》まり、そして、からだ全体《ぜんたい》もいち早《はや》く温めることができたようです。

ディメトロドンが生《い》きていたのは、地球全体《ちきゅうぜんたい》が寒《さむ》かった時代《じだい》です。とくに、早朝《そうちょう》はかなり冷《ひ》え込《こ》んだことでしょう。多《おお》くの動物《どうぶつ》は、縮《ちぢ》こまって満足《まんぞく》に動《うご》けなかったとみられています。そんな時間帯《じかんたい》に、ディメトロドンは帆を使《つか》って素早《すばや》くからだを温め、動き出《だ》すことができました。これは肉食動物《にくしょくどうぶつ》としては、かなり有利《ゆうり》な特徴《とくちょう》です。寝起《ねお》きでからだも冷えている動きの鈍《にぶ》い獲物《えもの》を簡単《かんたん》に狩《か》ることができたのですから……。

すべての研究者《けんきゅうしゃ》が、この「帆で体《たい》温調節《おんちょうせつ》」という仮説《かせつ》に賛成《さんせい》しているわけではありません。2014年《ねん》には、ディメトロドンの眼《め》にある骨《ほね》のつくりを調《しら》べた研究《けんきゅう》で、この生物《せいぶつ》が夜行性《やこうせい》だった可能性《かのうせい》が高《たか》いことが指《し》摘《てき》されました。夜行性ということは、帆に日光《にっこう》を当てることはできません。つまり、帆を使ってからだを温めることはできないのです。

帆の役割《やくわり》は、結局何《けっきょくなん》なのか？　その答《こた》えはまだ出ていません。

豆知識《まめちしき》

ディメトロドンの顎《あご》の関節《かんせつ》は前後《ぜんご》に動かすことができました。このしくみによって、獲物が暴《あば》れても逃《にが》さないように噛《か》み続《つづ》けることができました。

ワクワクこぼれ噺《はなし》：当時《とうじ》、ディメトロドン以外《いがい》にも帆をもった種類《しゅるい》がいくつかいたことがわかっています。

左右《さゆう》に広《ひろ》がるメタボ体型《たいけい》ペルム紀《き》のシールドマシン？

エウノトサウルス

- 名前《なまえ》：エウノトサウルス
- 全長《ぜんちょう》：50cm
- 生《い》きていた時代《じだい》：古生代《こせいだい》ペルム紀《き》
- 学名《がくめい》：*Eunotosaurus*
- 化石《かせき》の産地《さんち》：南アフリカ
- 分類《ぶんるい》：爬虫類《はちゅうるい》

左右《さゆう》に広《ひろ》い胴体《どうたい》をもっていた爬虫《はちゅう》類《るい》です。単純《たんじゅん》に〝横《よこ》メタボ〟というわけではなく、その胴体は幅《はば》の広いがっしりとした肋骨《ろっこつ》でつくられていました。

2016年《ねん》に発表《はっぴょう》された研究《けんきゅう》によって、前脚《まえあし》は地中《ちちゅう》を掘《ほ》ることに、眼《め》は暗《くら》いところで暮《く》らすことに適《てき》していた可能性《かのうせい》が指摘《してき》されています。こうした特徴《とくちょう》から、エウノトサウルスは地中《ちちゅう》で暮らしていたとみられています。

広い胴体は、土《つち》が崩《くず》れることを防《ふせ》ぐとともに、肩《かた》と腕《うで》を安定《あんてい》させ、力《ちから》強《づよ》く土を掘り進《すす》むことに役立《やくだ》ったとのことです。

まるで、現代《げんだい》のシールドマシンのような爬虫類です。

ワクワクこぼれ噺《はなし》： カメ類《るい》との祖先《そせん》・子孫《しそん》の関係《かんけい》が議論《ぎろん》されている種《しゅ》です。

尾《お》にフック、指《ゆび》にカギ爪《づめ》 樹上生活《じゅじょうせいかつ》ならお手《て》の物《もの》

ドレパノサウルス

- **名前《なまえ》**：ドレパノサウルス
- **全長《ぜんちょう》**：40cm
- **生《い》きていた時代《じだい》**：中生代三畳紀《ちゅうせいだいさんじょうき》
- **学名《がくめい》**：*Drepanosaurus*
- **化石《かせき》の産地《さんち》**：イタリア、アメリカ
- **分類《ぶんるい》**：爬虫類《はちゅうるい》

尾《お》の先端《せんたん》はフックのような形《かたち》をした爪《つめ》があり、手《て》の人差《ひとさ》し指《ゆび》の先《さき》は大《おお》きなカギ爪《づめ》になっていました。しかも、腕の骨《ほね》のつくりも特別製《とくべつせい》で、指のカギ爪を力強く、効率的《こうりつてき》に使《つか》えるようになっていたことが、2016年に発表された研究で指摘されています。

そんなドレパノサウルスは、どのように暮らしていたのでしょう?

よく知《し》られているその生態《せいたい》は、樹《じゅ》上《じょう》で暮らしていたというものです。尾を上手《じょうず》に使って自分《じぶん》のからだを固《こ》定《てい》しながら、手のカギ爪で樹皮《じゅひ》をはがし、その下《した》にいる昆虫《こんちゅう》を掘り出《だ》して食《た》べる。現在《げんざい》のヒメアリクイのような生活《せいかつ》をしていたとみられています。器用《きよう》なコだったようです。

ワクワクこぼれ噺《はなし》：森林《しんりん》の低層《ていそう》で暮らしていたとみられています。

折《お》りたたみ式《しき》!? 史上初《しじょうはつ》の滑空動物《かっくうどうぶつ》？

コエルロサウラヴス

- **名前《なまえ》**：コエルロサウラヴス
- **学名《がくめい》**：*Coelurosauravus*
- **全長《ぜんちょう》**：60cm
- **化石《かせき》の産地《さんち》**：ドイツ、イギリス、マダガスカル
- **生《い》きていた時代《じだい》**：古生代《こせいだい》ペルム紀《き》
- **分類《ぶんるい》**：爬虫類《はちゅうるい》

　脊椎動物《せきついどうぶつ》の歴史上《れきしじょう》、「初《はじ》めて空《そら》を飛《と》んだ動物」の有力候補《ゆうりょくこうほ》です。もっとも「飛ぶ」とはいっても、現生《げんせい》の多《おお》くの鳥類《ちょうるい》のように「羽《は》ばたく」のではなく、高《たか》いところから低《ひく》いところへの「滑空《かっくう》」です。

　コエルロサウラヴスの翼《つばさ》は、脇《わき》の後《うし》ろ付近《ふきん》と、胴体《どうたい》から伸《の》びる細《ほそ》い骨《ほね》によって支《ささ》えられていました。この翼は可動式《かどうしき》で、飛行《ひこう》しないときはからだの脇に折《お》りたたむことができたとみられています。珍《めずら》しい特徴《とくちょう》のようにみえますが、これは現生のトビトカゲの翼と同《おな》じです。

　長《なが》く柔軟《じゅうなん》な尾《お》は、飛行中《ひこうちゅう》に方向舵《ほうこうかじ》の役割《やくわり》を果《は》たしていたようです。翼《よく》竜類《りゅうるい》や鳥類が未出現《みしゅつげん》の空は、彼《かれ》らにとって天国《てんごく》だったのかもしれません。

ワクワクこぼれ噺《はなし》：翼を日光《にっこう》に当《あ》てて、からだを温《あたた》めることもできたようです。

まるで戦闘機《せんとうき》!? 世《よ》にも珍《めずら》しき"後翼飛行《こうよくひこう》"

シャロビプテリクス

- **名前《なまえ》**：シャロビプテリクス
- **全長《ぜんちょう》**：23cm
- **生《い》きていた時代《じだい》**：中生代三畳紀《ちゅうせいだいさんじょうき》
- **学名《がくめい》**：*Sharovipteryx*
- **化石《かせき》の産地《さんち》**：キルギスタン
- **分類《ぶんるい》**：爬虫類《はちゅうるい》

通常《つうじょう》、空を飛ぶ動物は前脚《まえあし》に大《おお》きな翼をもちます。鳥類も翼竜類も"前翼《ぜんよく》"の動物です。なかには四翼《しよく》の動物もいましたが、それでも主翼《しゅよく》は前翼でした。

シャロビプテリクスは、こうした飛翔《ひしょう》動物たちとは一線《いっせん》を画《かく》していました。後ろ脚の足首《あしくび》から尾、後ろ脚の膝《ひざ》から脇下《わきした》へとそれぞれ皮膜《ひまく》を広《ひろ》げた"後翼《こうよく》"があったのです。さらに、2006年《ねん》に発表《はっぴょう》された研究《けんきゅう》では、前脚にも小《ちい》さな翼、飛行機《ひこうき》でいうところの「カナード（前翼）」があった可能性《かのうせい》も指摘《してき》されています。

大きな後翼で風《かぜ》を受《う》け、小さな前翼で離着陸時《りちゃくりくじ》の姿勢《しせい》を安定《あんてい》させる。そんな"ハイテク"な飛行動物だったのかもしれません。

ワクワクこぼれ噺《はなし》：本種《ほんしゅ》の前翼は理論的《りろんてき》な存在《そんざい》で、化石《かせき》では確認《かくにん》されていません。

“最初《さいしょ》の四肢《しし》”動物《どうぶつ》は地上《ちじょう》を歩《ある》けなかった？

重力《じゅうりょく》っつーもんが
あってですね

アカントステガ

名前《なまえ》：アカントステガ
学名《がくめい》：*Acanthostega*
全長《ぜんちょう》：60cm
化石《かせき》の産地《さんち》：グリーンランド
生《い》きていた時代《じだい》：古生代《こせいだい》デボン紀《き》
分類《ぶんるい》：両生類《りょうせいるい》？

脊椎動物《せきついどうぶつ》の歴史上《れきしじょう》、もっとも初期《しょき》に四肢《しし》をもった動物の1つです。前脚《まえあし》には指《ゆび》が8本《ほん》あり、後《うし》ろ脚にも6~8本の指があったとみられています。

脊椎動物史上初《しじょうはつ》という歴史的《れきしてき》な動物ですが、その四肢のつくりはあまりに華奢《きゃしゃ》でした。そのため、浮力《ふりょく》のない地上《ちじょう》で重力《じゅうりょく》に抗《あらが》ってからだを支《ささ》えることはできなかったとみられています。つまり、地上では役《やく》に立《た》たない脚《あし》だったのです。

おそらく、川《かわ》の中《なか》で暮《く》らし、川の底《そこ》に積《つ》もった落《お》ち葉《ば》などをかき分《わ》けるために四肢を使《つか》っていたと考《かんが》えられています。

脚はもともとは歩《ある》くためのものではなかった、というわけです。

ワクワクこぼれ噺《はなし》：知《し》られている化石《かせき》はすべて幼体《ようたい》、という指摘《してき》もあります。

“自動《じどう》”捕獲装置《ほかくそうち》!?
「フィッシュ・トラップ」

ゲロトラックス

- **名前《なまえ》**：ゲロトラックス
- **全長《ぜんちょう》**：1m
- **生《い》きていた時代《じだい》**：中生代三畳紀《ちゅうせいだいさんじょうき》
- **学名《がくめい》**：*Gerrothorax*
- **化石《かせき》の産地《さんち》**：ドイツ、グリーンランド、スウェーデン
- **分類《ぶんるい》**：両生類《りょうせいるい》

頭《あたま》も平《ひら》たい、胴《どう》も平たい、そして、四肢は小《ちい》さいという水棲《すいせい》の両生類《りょうせいるい》です。

頭部《とうぶ》を詳細《しょうさい》に分析《ぶんせき》した研究《けんきゅう》によると、上顎《うわあご》はなんと50度《ど》まで開《ひら》き、しかも、そのときはとくに力《ちから》をかけなくても、下顎《したあご》が水平《すいへい》に突《つ》き出《で》たようです。この仕組《しく》みを上手《じょうず》に使《つか》うことで、水《みず》の底で獲物《えもの》となる魚《さかな》が通《とお》りかかるのを静《しず》かに待《ま》ち、獲物が通りかかったら一気《いっき》にパックンといくことができた可能性《かのうせい》が指摘《してき》されています。つまり、「フィッシュ・トラップ」としての役割《やくわり》を果《は》たしていたのではないか、というわけです。

その平たく大《おお》きな顎は、水底《みずぞこ》の泥《どろ》を掘《ほ》ることにも便利《べんり》だったとされています。

ワクワクこぼれ噺《はなし》：集団《しゅうだん》で暮らしていたとみられています。

おちょぼ口《くち》なひょうきん顔《がお》！
ブーメラン型《がた》は“伊達《だて》”じゃない？

ディプロカウルス

- **名前《なまえ》**：ディプロカウルス
- **全長《ぜんちょう》**：1m
- **生《い》きていた時代《じだい》**：古生代石炭紀《こせいだいせきたんき》～ペルム紀《き》
- **学名《がくめい》**：*Diplocaulus*
- **化石《かせき》の産地《さんち》**：アメリカ、モロッコ
- **分類《ぶんるい》**：両生類《りょうせいるい》

平仮名《ひらがな》の「く」の字型《じがた》の頭部《とうぶ》がトレードマークの両生類《りょうせいるい》です。幅《はば》は最《さい》大《だい》30㎝に達《たっ》し、高《たか》さはなく、まるで「ブーメラン」のような形《かたち》の頭部をしていました。これだけ大《おお》きな頭部なのに、〝おちょぼ口《ぐち》〟で、眼《め》もその口《くち》の近《ちか》くにあり、独特《どくとく》でひょうきんな顔《かお》をつくっていました。四肢《しし》が短《みじか》くて、貧弱《ひんじゃく》であることから、地上《ちじょう》を歩《ある》き回《まわ》ることはできず、ほぼ一生《いっしょう》を水中《すいちゅう》で過《す》ごしたとみられています。なお、平《ひら》たいのは頭部だけではなく、胴体《どうたい》にもさほど厚《あつ》みはありません。

暮《く》らしていた場所《ばしょ》は、水流《すいりゅう》の激《はげ》しい河川《かせん》だったとみられています。ブーメラン型《がた》の頭部や平たいからだは、水《みず》の抵抗《ていこう》を減《へ》らすことに役立《やくだ》っていたのかもしれません。

ワクワクこぼれ噺《はなし》：子《こ》どものころの頭部は、ほぼ三角形《さんかくけい》でした。

顔《かお》小《ちい》さっ! 首《くび》短《みじか》っ!!
前恐竜《ぜんきょうりゅう》時代《じだい》の“小頭動物《しょうとうどうぶつ》”

コティロリンクス

- **名前《なまえ》**：コティロリンクス
- **全長《ぜんちょう》**：3.5m超《ちょう》
- **生《い》きていた時代《じだい》**：古生代石炭紀《こせいだいせきたんき》〜ペルム紀《き》
- **学名《がくめい》**：*Cotylorhynchus*
- **化石《かせき》の産地《さんち》**：アメリカ、イタリア
- **分類《ぶんるい》**：単弓類《たんきゅうるい》“盤竜類《ばんりゅうるい》”カセア類《るい》

デップリとした胴体に、小《ちい》さな頭部が目印《めじるし》の動物《どうぶつ》です。あまりにも頭《あたま》が小《ちい》さく、首《くび》も短《みじか》いので、大きな胴体が邪魔《じゃま》で川面《かわも》などの水まで口が届《とど》きません。……〝太《ふと》っちょ〟にもほどがあります。

2016年《ねん》、コティロリンクスを含《ふく》むカセア類《るい》は水棲《すいせい》だったのではないかという仮説《かせつ》が提案《ていあん》されました。たしかに、水棲であれば〝飲《の》み水《みず》問《もん》題《だい》〟は解決《かいけつ》します。

しかし、新《あら》たに〝呼吸問題《こきゅうもんだい》〟が浮《ふ》上《じょう》します。彼《かれ》らは肺呼吸《はいこきゅう》であり、水《すい》面《めん》から顔《かお》を出《だ》す必要《ひつよう》がありました。2016年の仮説では、水面から顔を出す、その一瞬《いっしゅん》で呼吸ができるように、強力《きょうりょく》な横隔膜《おうかくまく》をもっていたのではないか、とされています。

ワクワクこぼれ噺《はなし》：横隔膜そのものは化石《かせき》では見《み》つかっていません。

魚《さかな》なのに腕《うで》立《た》て伏《ふ》せが得《と》意《くい》? その能力《のうりょく》、意味《いみ》あるの!?

ティクターリク

- **名前《なまえ》**:ティクターリク
- **学名《がくめい》**: *Tiktaalik*
- **全長《ぜんちょう》**:2.7m
- **化石《かせき》の産地《さんち》**:カナダ
- **生《い》きていた時代《じだい》**:古生代《こせいだい》デボン紀《き》
- **分類《ぶんるい》**:肉鰭類《にくきるい》

ティクターリクの胸《むね》ビレの中《なか》には、陸上《りくじょう》の脊椎動物《せきついどうぶつ》と同《おな》じように手《て》や腕《うで》をつくる骨《ほね》があり、手首《てくび》、肘《ひじ》、肩《かた》といった関節《かんせつ》があったことがわかっています。そして、手首を曲《ま》げることでヒレの先端《せんたん》を水底《みずぞこ》につき、肘を曲げることでからだを上下《じょうげ》に動《うご》かすことができました。つまり、ティクターリクは「腕立《た》て伏《ふ》せ」ができた魚《さかな》だったのです。

また、魚の仲間《なかま》としては珍《めずら》しく、腰《こし》の骨があったこともわかっています。そして、尻《しり》ビレのなかに「足《あし》の骨《ほね》」がありました。ただし、その骨を動《うご》かせたかどうかはわかっていません。ほかにも、首の骨があるなど、魚らしくない独特《どくとく》の特徴《とくちょう》をいくつももっていました。

ワクワクこぼれ噺《はなし》: こうした特徴は、浅瀬《あさせ》を泳《およ》ぐことに役立《やくだ》ったとみられています。

丸《まる》〜い歯《は》で硬《かた》い殻《から》を噛《か》み砕《くだ》く!
獰猛《どうもう》かと思《おも》いきや珍《めずら》しい貝食性《かいしょくせい》!

グロビデンス

- **名前《なまえ》**:グロビデンス
- **全長《ぜんちょう》**:6m
- **生《い》きていた時代《じだい》**:中生代白亜紀《ちゅうせいだいはくあき》
- **学名《がくめい》**:*Globidens*
- **化石《かせき》の産地《さんち》**:アメリカ、モロッコ、シリアほか
- **分類《ぶんるい》**:爬虫類《はちゅうるい》 モササウルス類《るい》

「モササウルス類《るい》」といえば、「白亜紀後期《はくあきこうき》の海《うみ》の覇者《はしゃ》」のグループ。その口《くち》の中を見《み》ると、一目《ひとめ》で「肉食者《にくしょくしゃ》」とわかる鋭《するど》い歯《は》をもつものがほとんどです。

しかし、そんなモササウルス類の中で、例外的《れいがいてき》な存在《そんざい》ともいえるのがグロビデンスです。その歯はまったく鋭くありません。歯の先端が、まるで松茸《まつたけ》の笠《かさ》のように潰《つぶ》れ、球《たま》のようになっていたのです。これでは、獲物《えもの》の肉《にく》を切《き》り裂《さ》くことはできません。では、この歯は、何《なん》の役《やく》に立《た》ったのでしょう?

どうやら海底《かいてい》の二枚貝《にまいがい》を殻《から》ごと砕《くだ》くことに役立《やくだ》ったようです。じつはグロビデンスは、「貝食性《かいしょくせい》」という珍しい生態《せいたい》のもち主《ぬし》だったのです。

ワクワクこぼれ噺《はなし》: 胃《い》の内容物《ないようぶつ》として、大小《だいしょう》の二枚貝化石《かせき》が見つかっています。

泳《およ》ぎは苦手《にがて》だけれど夜《よる》の狩《か》りは大得意《だいとくい》!?

フォスフォロサウルス・ポンペテレガンス

- **名前《なまえ》**：フォスフォロサウルス・ポンペテレガンス
- **全長《ぜんちょう》**：3m弱《じゃく》
- **生《い》きていた時代《じだい》**：中生代《ちゅうせいだい》白《はく》亜《あ》紀《き》
- **学名《がくめい》**：*Phosphorosaurus ponpetelegans*
- **化石《かせき》の産地《さんち》**：日本《にほん》
- **分類《ぶんるい》**：爬虫類《はちゅうるい》 モササウルス類《るい》

北海道《ほっかいどう》から化石《かせき》が見《み》つかっている小型《こがた》のモササウルス類《るい》で、あまり、泳《およ》ぎが得意《とくい》ではありませんでした。

モササウルス類としては珍《めずら》しく、「両眼視《りょうがんし》」ができました。「両眼視」とは、左右《さゆう》の眼《め》の視界《しかい》が重《かさ》なることで、対象《たいしょう》を立体的《りったいてき》に見ることができる〝スペック〟のこと。多《おお》くの陸上《りくじょう》肉食動物《にくしょくどうぶつ》や、もちろん私《わたし》たちヒトにもある特徴《とくちょう》です。

両眼視には、「立体視《りったいし》」のほかにも〝夜目《よめ》が利《き》きやすい〟という利点《りてん》もあります。泳ぎが苦手《にがて》な本種《ほんしゅ》は、この〝夜目が利きやすい能力《のうりょく》〟を生《い》かし、泳ぎが得意でからだも大《おお》きい海棲爬虫類《かいせいはちゅうるい》たちが眠《ねむ》っている間《あいだ》に狩《か》りをしていたのではないか、と考《かんが》えられています。

ワクワクこぼれ噺《はなし》：同《おな》じ海域《かいいき》に、大型《おおがた》で泳ぎ上手《じょうず》のモササウルス類もいました。

シロナガスクジラの眼《め》よりもデカい暗視性能《あんしせいのう》抜群《ばつぐん》の眼《め》

オフタルモサウルス

- 名前《なまえ》:オフタルモサウルス
- 全長《ぜんちょう》:4m
- 生《い》きていた時代《じだい》:中生代《ちゅうせいだい》ジュラ紀《き》〜白亜紀《はくあき》
- 学名《がくめい》:*Ophthalmosaurus*
- 化石《かせき》の産地《さんち》:イギリス、ロシア、アルゼンチンほか
- 分類《ぶんるい》:爬虫類《はちゅうるい》 魚竜類《ぎょりゅうるい》

イルカのような姿《すがた》をした魚竜類《ぎょりゅうるい》は、クビナガリュウ類やモササウルス類と並《なら》ぶ「中生代《ちゅうせいだい》の三大《さんだい》海棲爬虫類」の1つです。そんな魚竜類の中《なか》で、オフタルモサウルスは「巨大《きょだい》な眼をもつ」ことでよく知《し》られています。

その眼の大きさは、なんと直径《ちょっけい》23㎝。ヒトの顔《かお》ほどもある巨眼《きょがん》でした。現生種《げんせいしゅ》で最大《さいだい》の眼はシロナガスクジラの直径15㎝ですから、その大きさたるや……。

この眼は、暗視性能《あんしせいのう》が抜群《ばつぐん》でした。化石《かせき》の分析《ぶんせき》から、現生ネコ類の眼とほぼ同等《どうとう》のスペックがあったことが指摘《してき》されています。夜行性《やこうせい》の彼《かれ》らと同等ということは、日光《にっこう》の届《とど》かないような深海《しんかい》でも、十分《じゅうぶん》な距離《きょり》の視界を確保《かくほ》できたようです。

ワクワクこぼれ噺《はなし》: 眼そのものは化石《かせき》に残《のこ》りませんが、内部《ないぶ》の骨《ほね》が残《のこ》ります。

長《なが》っ鼻《ぱな》で電気《でんき》を感知《かんち》!
レーダーをもつ
軟骨魚類《なんこつぎょるい》

バンドリンガ

- **名前《なまえ》**:バンドリンガ
- **全長《ぜんちょう》**:10cm
- **生《い》きていた時代《じだい》**:古生代石炭紀《こせいだいせきたんき》
- **学名《がくめい》**:*Bandringa*
- **化石《かせき》の産地《さんち》**:アメリカ
- **分類《ぶんるい》**:軟骨魚類《なんこつぎょるい》

全長《ぜんちょう》の4割《わり》を占《し》める、とても長《なが》い吻部《ふんぶ》が特徴《とくちょう》の軟骨魚類《なんこつぎょるい》です。軟骨魚類には、現在《げんざい》においてはサメ類《るい》(板《ばん》鰓類《さいるい》)やギンザメ類《るい》(全頭類《ぜんとうるい》)が含《ふく》まれます。バンドリンガは、そのどちらでもないとされる絶滅種《ぜつめつしゅ》です。

長い吻部とからだの側面《そくめん》には、微《び》弱《じゃく》な生体電気《せいたいでんき》を感知《かんち》できる特別《とくべつ》な感《かん》覚器官《かくきかん》がありました。生体電気は生《せい》物《ぶつ》が放《はな》つ電気《でんき》です。ごく普通《ふつう》に生《い》きているだけでも、多《おお》くの生物が生体電気を放っており、バンドリンガはその電気を感《かん》じることができる優《すぐ》れたレーダーのもち主《ぬし》でした。

このレーダーを使《つか》うことで、川底《かわぞこ》の泥《どろ》の中《なか》などに潜《ひそ》む獲物《えもの》を探《さが》し出《だ》し、底向《そこむ》きの口《くち》で吸《す》い込《こ》むようにして食《た》べていたとみられています。

ワクワクこぼれ噺《はなし》: 淡水域《たんすいいき》と海水域《かいすいいき》を回遊《かいゆう》していたようです。

ええっ!? 4本足《ほんあし》なのに クジラの祖先《そせん》なの?

パキケタス

- 名前《なまえ》: パキケタス
- 全長《ぜんちょう》: 1m
- 生《い》きていた時代《じだい》: 新生代古第三紀《しんせいだいこだいさんき》
- 学名《がくめい》: *Pakicetus*
- 化石《かせき》の産地《さんち》: パキスタン、インド
- 分類《ぶんるい》: 哺乳類《ほにゅうるい》 鯨偶蹄類《くじらぐうているい》 ムカシクジラ類《るい》

知《し》られている限《かぎ》り、最古《さいこ》のムカシクジラ類《るい》です。現生《げんせい》クジラ類《るい》へと続《つづ》く進化《しんか》の歴史《れきし》は、この動物《どうぶつ》から始《はじ》まりました。はっきりとした四肢《しし》をもっていたことから、陸上生活《りくじょうせいかつ》をしていたことがわかります。

見《み》た目《め》は陸上哺乳類《りくじょうほにゅうるい》そっくりでも、パキケタスには現生クジラ類と共通《きょうつう》する特徴《とくちょう》がありました。それは耳《みみ》のつくりです。陸上哺乳類は、空《くう》気《き》の振動《しんどう》をキャッチして、音《おと》を聴《き》いています。一方《いっぽう》、現生クジラ類は、水中《すいちゅう》の振動を頭骨《とうこつ》でキャッチして、その骨《こつ》振動で音を聴いています。パキケタスの耳も、この水中仕様《すいちゅうしよう》でした。

このため、陸で暮《く》らしながらも、おそらく半水半陸《はんすいはんりく》の生活をおくっていた、と考《かんが》えられています。

ワクワクこぼれ噺《はなし》: 水中とは言《い》っても、海《うみ》ではなく川《かわ》や湖《みずうみ》で生活《せいかつ》していました。

アザラシの“祖先《そせん》”には愛嬌《あいきょう》よりも速《はや》さ重視《じゅうし》のヤツがいた！

アクロフォカ

- **名前《なまえ》**：アクロフォカ
- **学名《がくめい》**：*Acrophoca*
- **頭胴長《とうどうちょう》**：2m
- **化石《かせき》の産地《さんち》**：ペルー、チリ
- **生《い》きていた時代《じだい》**：新生代新第三紀《しんせいだいしんだいさんき》
- **分類《ぶんるい》**：哺乳類《ほにゅうるい》 食肉類《しょくにくるい》 鰭脚類《ききゃくるい》 アザラシ類《るい》

　アザラシといえば、水族館《すいぞくかん》の人気《にんき》者《もの》。「まるっこい愛嬌《あいきょう》ある顔《かお》と、ココロ感《かん》のあるからだがたまらない！」。きっと、そういう方《かた》も少《すく》なくはないでしょう。はたして、そんな方々に、本種《ほんしゅ》は受《う》け入《い》れられるでしょうか？

　アクロフォカは、「まるっこい顔」とは縁遠《えんどお》いアザラシ類《るい》です。口先《くちさき》が鋭《するど》く長《なが》く伸《の》びていました。

　口先だけではありません。ほかのアザラシ類と比《くら》べると、首《くび》も細長《ほそなが》く、胴体《どうたい》も細く、全体《ぜんたい》として流線型《りゅうせんけい》のからだつきをしていました。そこには、ほかのアザラシ類のもつ〝ココロ感〟は感《かん》じられません。明《あき》らかに、水中《すいちゅう》を高速《こうそく》で泳《およ》ぎ回《まわ》ることに特化《とっか》したからだつきだったのです。

ワクワクこぼれ噺《はなし》：アザラシ類は、化石種《かせきしゅ》も“まるっこい顔《かお》”が多《おお》いのです。

ペンギン類《るい》の祖先《そせん》は、“冷《つめ》たい海《うみ》”が苦手《にがて》？

ワイマヌ

- **名前《なまえ》**：ワイマヌ
- **学名《がくめい》**：*Waimanu*
- **体高《たいこう》**：90cm
- **化石《かせき》の産地《さんち》**：ニュージーランド
- **生《い》きていた時代《じだい》**：新生代古第三紀《しんせいだいこだいさんき》
- **分類《ぶんるい》**：鳥類《ちょうるい》 ペンギン類《るい》

　知《し》られている限《かぎ》り、もっとも古《ふる》いペンギン類です。現生《げんせい》のペンギン類と比べると、首やクチバシが細長いという特徴《とくちょう》があります。

　一見《いっけん》しただけでは、ペンギンというよりは、ウ（鵜《う》）に近《ちか》い印象《いんしょう》があるかもしれません。しかし、ウとは異《こと》なり、ワイマヌの骨《ほね》は重《おも》く、水中に潜《もぐ》りやすいという特徴がありました。現生のペンギン類のように、水中をすばやく泳ぐ狩人《かりゅうど》だったようです。

　ただし、現生のペンギン類とは決《けっ》定的《ていてき》な違《ちが》いがありました。冷《つめ》たい水中で体温《たいおん》を保《たも》つための〝特殊《とくしゅ》な血《けっ》管《かん》〟がなかったのです。現生ペンギンのように極地《きょくち》の冷《つめ》たい海《うみ》に潜ることは、苦手《にがて》だったのかもしれません。

ワクワクこぼれ噺《はなし》：恐竜絶滅後《きょうりゅうぜつめつご》、わずか400万《まん》～500万年後《ねんご》に登場《とうじょう》しました。

ケナガマンモス

英語《えいご》で「Woolly Mammoth」、日本語《にほんご》で「ケマンモス」「マンモスゾウ」とも呼《よ》ばれるゾウ類《るい》。氷期《ひょうき》の北半球北部《きたはんきゅうほくぶ》で大繁栄《だいはんえい》した。

- **名前《なまえ》**：マムーサス・プリミゲニウス
- **肩高《けんこう》**：3.5m
- **生《い》きていた時代《じだい》**：新生代第四紀《せんせいだいだいよんき》
- **学名《がくめい》**：*Mammuthus primigenius*
- **化石《かせき》の産地《さんち》**：ロシア、日本、アメリカほか
- **分類《ぶんるい》**：哺乳類《ほにゅうるい》 長鼻類《ちょうびるい》 ゾウ類《るい》

全身《ぜんしん》コートで徹底防寒《てっていぼうかん》！現代《げんだい》ならば暑《あつ》くて卒倒《そっとう》!?

地球《ちきゅう》の気候《きこう》がとても冷《ひ》え込《こ》んだ時《じ》代《だい》、ヨーロッパからアメリカまでの北半球北部《きたはんきゅうほくぶ》という、とても広大《こうだい》な地《ち》域《いき》で繁栄《はんえい》していました。つまり、寒《さむ》い時期《じき》に、寒い場所《ばしょ》に生息《せいそく》していたということになります。

なぜ、そんな過酷《かこく》な環境《かんきょう》で栄《さか》えることができたのでしょう? それは、彼《かれ》らの「防寒性能《ぼうかんせいのう》」が、圧倒的《あっとうてき》に優《すぐ》れたものだったからです。

まず、名前《なまえ》が示《しめ》すように、長《なが》い毛《け》が全身《ぜんしん》を覆《おお》っていました。しかも、その毛は細《ほそ》くやわらかい下毛《しもげ》と、太《ふと》くまっすぐな上毛《うわげ》の二層構造《にそうこうぞう》。フカフカのコートを羽織《はお》っているようなものでした。

次《つぎ》に、耳《みみ》がとても小《ちい》さい。耳は放《ほう》熱器官《ねつきかん》で、ここが大《おお》きいと体温《たいおん》が逃《に》げやすくなります。しかしケナガマンモスの耳は小さく、体温を逃《にが》しにくくなっていました。

また、尾《お》の付《つ》け根《ね》に皮膚《ひふ》のひだがあり、排《はい》せつするとき以外《いがい》は、肛門《こうもん》にふたをすることができました。これも肛門から体温を逃《のが》さないしくみです。

こうした徹底的《てっていてき》な防寒性能・寒冷《かんれい》地《ち》仕様《しよう》が、彼《かれ》らの繁栄を可能《かのう》にしていたのでした。

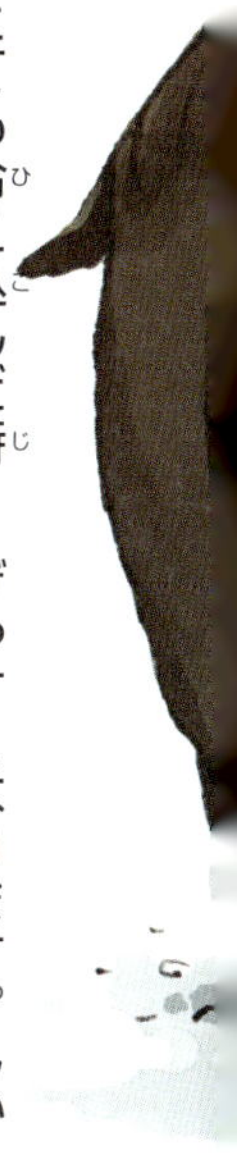

豆知識《まめちしき》

絶滅原因《ぜつめつげんいん》はよくわかっていません。寒い時代が終《お》わったことが原因《げんいん》とする説《せつ》や、人類《じんるい》によって狩《か》り尽《つ》くされてしまったという説があります。

ワクワクこぼれ噺《はなし》: 各特徴《かくとくちょう》は、冷凍《れいとう》マンモスの発見《はっけん》によって判明《はんめい》したものです。

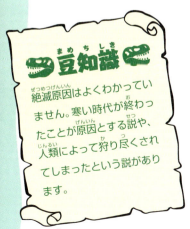

日本《にほん》を代表《だいひょう》するナウいゾウ!? 日本橋《にほんばし》や池袋《いけぶくろ》、原宿《はらじゅく》にもいた!

ナウマンゾウ

- **名前《なまえ》**：パラエオロクソドン・ナウマンニ
- **肩高《こうこう》**：3m
- **生《い》きていた時代《じだい》**：新生代第四紀《しんせいだいだいよんき》
- **学名《がくめい》**：*Palaeoloxodon naumanni*
- **化石《かせき》の産地《さんち》**：日本《にほん》、中国《ちゅうごく》、朝鮮半島《ちょうせんはんとう》
- **分類《ぶんるい》**：哺乳類《ほにゅうるい》 長鼻類《ちょうびるい》 ゾウ類《るい》

北海道《ほっかいどう》から九州《きゅうしゅう》まで、日本全国《にほんぜんこく》から化石《かせき》が見《み》つかる、日本《にほん》を代表《だいひょう》する絶滅《ぜつめつ》ゾウ類《るい》です。

ナウマンゾウは、もともとは大陸《たいりく》に棲《す》んでいたとみられています。新生代第四紀《しんせいだいだいよんき》という時代《じだい》を振《ふ》り返《かえ》ると、気候《きこう》はしばしば寒冷化《かんれいか》し、寒《さむ》さが厳《きび》しいときには海水面《かいすいめん》が下《さ》がって、対馬海峡《つしまかいきょう》や間宮海峡《まみやかいきょう》が陸化《りくか》、大《たい》陸《りく》と地続《じつづ》きになりました。そんな〝地続き時代〟に、ナウマンゾウは日本にやってきたようです。

寒い時期《じき》であれば、こうして歩《ある》いて移動《いどう》できるのですが、北海道にナウマンゾウが渡《わた》った時期は暖《あたた》かい時期でした。つまり、陸化《りくか》していない津軽海峡《つがるかいきょう》を、彼《かれ》らは泳《およ》いで渡ることができたのです。

ワクワクこぼれ噺《はなし》：明治《めいじ》時代《じだい》に来日《らいにち》したドイツの地質学者《ちしつがくしゃ》、ナウマン博士《はかせ》が名《な》の由来《ゆらい》。

“農耕《のうこう》”ならお任《まか》せ！ “シャベル牙《きば》”をもつ長鼻類《ちょうびるい》

プラティベロドン

名前《なまえ》：プラティベロドン
学名《がくめい》：*Platybelodon*
肩高《けんこう》：2m
化石《かせき》の産地《さんち》：中国、アメリカ、ロシアほか
生《い》きていた時代《じだい》：新生代新第三紀《しんせいだいしんだいさんき》
分類《ぶんるい》：哺乳類《ほにゅうるい》 長鼻類《ちょうびるい》

下顎《したあご》の牙《きば》（切歯《せっし》）が平《ひら》たく長く伸《の》びていました。しかも、その長い牙は左右《さゆう》がぴったりと接《せっ》していて、長い下顎とあわせてまるでシャベルのような形《かたち》をしていました。

99ページで紹介《しょうかい》したモエリテリウムのような小型種《こがたしゅ》からその歴史《れきし》がはじまった長鼻類《ちょうびるい》では、やがて、多様《たよう》な姿《すがた》の種《しゅ》が生《う》まれることになります。その多《おお》くは牙が特殊化《とくしゅか》していました。プラティベロドンは、そうした特殊な牙をもつ長鼻類の1つで、代表的《だいひょうてき》な存在《そんざい》です。

シャベルのような牙は、沼沢地《しょうたくち》などの地面《じめん》がやわらかい場所《ばしょ》で、植物《しょくぶつ》を根《ね》こそぎ掘《ほ》り出《だ》すことに役立《やくだ》っていたとみられています。農耕《のうこう》が得意《とくい》そうなコです。

ワクワクこぼれ噺《はなし》：鼻《はな》の長短《ちょうたん》についてはよくわかっていません。

長《なが》い牙《きば》はハッタリで 必殺技《ひっさつわざ》はネコパンチ!?

スミロドン

- 名前《なまえ》:スミロドン
- 頭胴長《とうどうちょう》:1.7m
- 生《い》きていた時代《じだい》:新生代第四紀《しんせいだいだいよんき》
- 学名《がくめい》:*Smilodon*
- 化石《かせき》の産地《さんち》:アメリカ、ボリビア、アルゼンチンほか
- 分類《ぶんるい》:哺乳類《ほにゅうるい》 食肉類《しょくにくるい》 ネコ類《るい》

俗《ぞく》に「サーベルタイガー」と呼《よ》ばれる、犬歯《けんし》の長《なが》いネコ類《るい》の代表的《だいひょうてき》な存在《そんざい》です。全体的《ぜんたいてき》にがっしりとしたからだつきしています。その尾《お》はずいぶん小《ちい》さく、愛《あい》らしいという特徴《とくちょう》がありました。

注目《ちゅうもく》の犬歯は、じつは強度《きょうど》がさほどありません。とくに、横方向《よこほうこう》の力《ちから》に弱《よわ》く、戦闘《せんとう》に使《つか》うと、ともすれば、ポッキリと折《お》れてしまう可能性《かのうせい》もありました。

一方《いっぽう》で、2017年《ねん》に発表《はっぴょう》された研究《けんきゅう》では、幼獣《ようじゅう》のうちから腕《うで》っぷしが強《つよ》かったことが指摘《してき》されています。つまり、がっしりとした前脚《まえあし》から繰《く》り出《だ》される〝ネコパンチ〟こそが、スミロドン最大《さいだい》の武器《ぶき》だったというわけです。

ワクワクこぼれ噺《はなし》: 長い犬歯は「トドメの一撃《いちげき》」用《よう》だったとみられています。

カピバラ15頭分《とうぶん》の重《おも》さ!? 巨大《きょだい》すぎるネズミの仲間《なかま》

ジョセティフォアルガシア

- **名前《なまえ》**：ジョセティフォアルガシア
- **全長《ぜんちょう》**：3m
- **生《い》きていた時代《じだい》**：新生代新第三紀《しんせいだいしんだいさんき》
- **学名《がくめい》**：*Josephoartigasia*
- **化石《かせき》の産地《さんち》**：ウルグアイ
- **分類《ぶんるい》**：哺乳類《ほにゅうるい》 齧歯類《げっしるい》

齧歯類《げっしるい》……つまり、ネズミの仲間《なかま》ですが、全長《ぜんちょう》3m、体重《たいじゅう》1tという巨体《きょたい》のもち主《ぬし》でした。現生《げんせい》の齧歯類《げっしるい》で「最大」といわれるカピバラが全長1・4m弱《じゃく》、体重66kgほどですから、体重で比較《ひかく》すると、カピバラ15頭分《とうぶん》に相当《そうとう》したことになります。

単純《たんじゅん》に「大《おお》きい」というだけではありません。前歯《まえば》でものを噛《か》む力は、現生のトラに匹敵《ひってき》したとみられています。そして、奥歯《おくば》の噛む力は、さらに強かったようです。

……とはいえ、この前歯は他者《たしゃ》を襲《おそ》うためのものではなかったと推測《すいそく》されており、土《つち》を掘《ほ》ったり、身《み》を守《まも》るために使われていたと考《かんが》えられています。ゾウ類《るい》の牙《きば》のようなものですね。

ワクワクこぼれ噺《ばなし》：この長《なが》い名前《なまえ》は、ウルグアイの英雄《えいゆう》の名《な》にちなみます。

進化《しんか》の最終段階《さいしゅうだんかい》の直前《ちょくぜん》？

使《つか》わない指《ゆび》のある
ウマ類《るい》

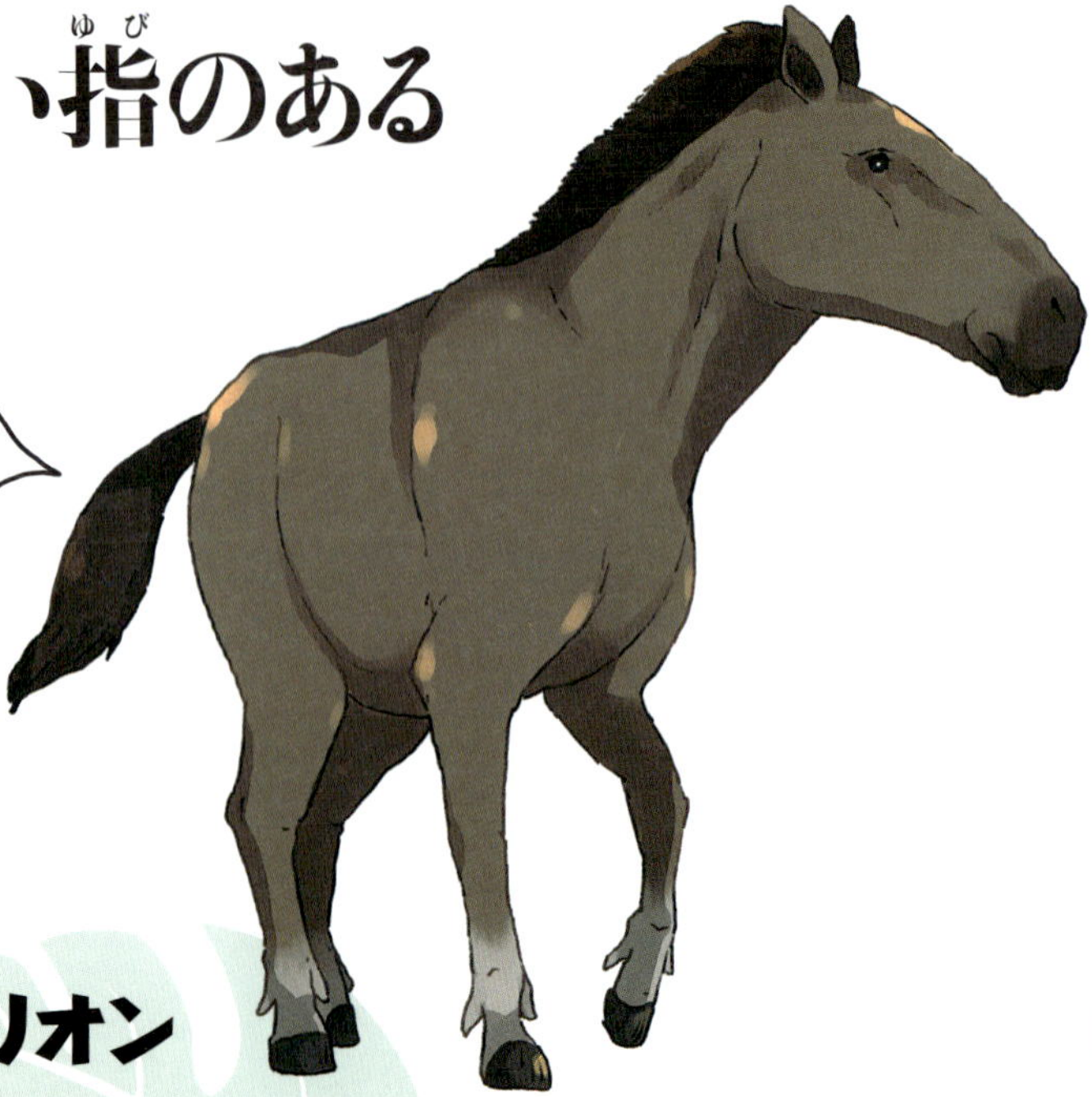

ヒッパリオン

- **名前《なまえ》**：ヒッパリオン
- **肩高《けんこう》**：1.5m
- **生《い》きていた時代《じだい》**：新生代新第三紀《しんせいだいしんだいさんき》〜第四紀《だいよんき》
- **学名《がくめい》**：*Hipparion*
- **化石《かせき》の産地《さんち》**：アメリカ、中国《ちゅうごく》、スペインほか
- **分類《ぶんるい》**：哺乳類《ほにゅうるい》 奇蹄類《きているい》 ウマ類《るい》

ウマ類《るい》は、101ページで紹介《しょうかい》したヒラコテリウムのように、複数《ふくすう》の指《ゆび》をもつ小型種《こがたしゅ》から進化《しんか》がスタートしました。その後《ご》、からだが大《おお》きくなるとともに、中央《ちゅうおう》の指《ゆび》だけが残《のこ》ります。

この進化は、「速《はや》いものだけが生《い》き残った結果《けっか》」です。

脚《あし》が長《なが》ければ長いほど、1歩《ぼ》のリーチは長く、そして、速く走《はし》ることができます。そのため、ウマ類は自身《じしん》が大《おお》型化《がたか》するほかにも、かかとをつけずにつま先《さき》だけで接地《せっち》する、もっとも長い中指《なかゆび》だけで接地する……と、リーチを伸《の》ばす進化を遂《と》げました。

ヒッパリオンは、そんなウマ類の〝進化の最終段階《さいしゅうだんかい》〟の1歩《ぼ》手前《てまえ》の存《そん》在《ざい》。不要《ふよう》となった小《ちい》さな指が、中指の両脇《りょうわき》にまだ残《のこ》っていました。

ワクワクこぼれ噺《はなし》：一応《いちおう》、3本《ほん》の指があるので「三趾馬《さんしば》」とも呼《よ》ばれています。

跳《と》べないけれど走《はし》る！

超巨大《ちょうきょだい》カンガルー

プロコプトドン

- **名前《なまえ》**：プロコプトドン
- **身長《しんちょう》**：3m
- **生《い》きていた時代《じだい》**：新生代第四紀《しんせいだいだいよんき》
- **学名《がくめい》**：*Procoptodon*
- **化石《かせき》の産地《さんち》**：オーストラリア
- **分類《ぶんるい》**：哺乳類《ほにゅうるい》 有袋類《ゆうたいるい》 カンガルー類《るい》

身長《しんちょう》3ｍ、体重《たいじゅう》240kgの大型《おおがた》のカンガルー類です。3ｍということは、日本《にほん》の一般的《いっぱんてき》な住宅《じゅうたく》では天井《てんじょう》を突《つ》き破《やぶ》るほどの大《おお》きさです。現生《げんせい》のカンガルー類の中でも大型とされるアカカンガルーが身長1・4ｍ、体重85kgほどですから、プロコプトドンは〝トンデモナイ〟巨体《きょたい》といえます。

化石《かせき》を詳《くわ》しく分析《ぶんせき》したところ、現生のカンガルーのように跳《は》ねて移動《いどう》することはできなかったことが指摘《してき》されました。どうやら、上半身《じょうはんしん》を立《た》てたままの姿勢《しせい》で、跳ねることなく、まるでヒトのように2本《ほん》の脚で歩《ある》き、走っていたようです。

身長3ｍ、体重240kgの巨体が、スポーツ選手《せんしゅ》のように走る。かなり迫力《はくりょく》のある走り姿《すがた》だったことでしょう。

ワクワクこぼれ噺《はなし》：幼《おさな》いころは、跳ねることはできたようです。

軟体部《なんたいぶ》が大《おお》きすぎて“浮《う》けない潜水艦”状態？

カメロケラス

- **名前《なまえ》**：カメロケラス
- **全長《ぜんちょう》**：6m?
- **生《い》きていた時代《じだい》**：古生代《こせいだい》オルドビス紀《き》
- **学名《がくめい》**：*Cameroceras*
- **化石《かせき》の産地《さんち》**：アメリカ、スペイン、スゥエーデンほか
- **分類《ぶんるい》**：軟体動物《なんたいどうぶつ》 頭足類《とうそくるい》

全長《ぜんちょう》6ｍとも11ｍとも言《い》われる巨《きょ》大《だい》な頭足類《とうそくるい》です。古生代《こせいだい》オルドビス紀《き》においては随一《ずいいち》のサイズを誇《ほこ》っていました。円錐形《えんすいけい》の巨大《きょだい》な殻《から》が特徴《とくちょう》です。カメロケラスに限《かぎ》らず、頭足類における殻では、軟体部《なんたいぶ》が入《はい》っているのは殻の口付近《くちふきん》のみ。残《のこ》りの部分《ぶぶん》には隔壁《かくへき》で区切《くぎ》られていた部《へ》屋《や》があり、各《かく》部屋の中《なか》の液体量《えきたいりょう》を調《ちょう》節《せつ》することで浮力《ふりょく》をコントロールしていたとみられています。それはまさに、現代《げんだい》の潜水艦《せんすいかん》と同《おな》じしくみです。

……と、これは一般的《いっぱんてき》な〝殻をもつ頭足類〟の話《はなし》。カメロケラスの場《ば》合《あい》、軟体部が大《おお》きすぎて重《おも》く浮《う》けなかったという指摘《してき》もあります。海《うみ》の底《そこ》に横《よこ》たわりながら、獲物《えもの》の接近《せっきん》を待《ま》っていたのかもしれません。

ワクワクこぼれ噺《はなし》：殻内《ない》の各部屋は極細《ごくぼそ》のチューブでつながっていました。

その場で口を開くだけ！戦略的《せんりゃくてき》な「無気力生活《むきりょくせいかつ》」

パラスピリファー

- **名前《なまえ》**：パラスピリファー
- **殻幅《からはば》**：6cm
- **生《い》きていた時代《じだい》**：古生代《こせいだい》デボン紀《き》
- **学名《がくめい》**：*Paraspirifer*
- **化石《かせき》の産地《さんち》**：アメリカ、スペイン、中国《ちゅうごく》ほか
- **分類《ぶんるい》**：腕足動物《わんそくどうぶつ》

腕足動物《わんそくどうぶつ》は、一見《いっけん》すると二枚貝類《にまいがいるい》に似《に》ているように思《おも》うかもしれません。しかし、二枚貝類とは異《こと》なり、腕足動物の内部《ないぶ》には、〝身《み》〟があまりありません。触手《しょくしゅ》の並《なら》ぶ渦巻《うずま》き状《じょう》のつくりが主《しゅ》なのです。

パラスピリファーは、殻の一部《いちぶ》が大《おお》きく凹《へこ》むという独特《どくとく》の形《かたち》をしていました。もちろん、この形には意味《いみ》があります。弱《よわ》い水流《すいりゅう》のある海底《かいてい》でわずかに殻を開《ひら》くだけで、周囲《しゅうい》の水《みず》の流《なが》れを変化《へんか》させ、自分《じぶん》の殻の中《なか》に水が自然《しぜん》と入《はい》り、内部で渦巻《うずま》くようになっていました。そうして水に含《ふく》まれる有機物《ゆうきぶつ》が、殻の中にある触手に自然とつかまるようになっていたのです。この食事方法《しょくじほうほう》は、「究極《きゅうきょく》の無気力戦略《むきりょくせんりゃく》」と言《い》われています。

ワクワクこぼれ噺《はなし》：吸《す》い込《こ》んだ水も自然に殻の両脇《りょうわき》から排出《はいしゅつ》されていました。

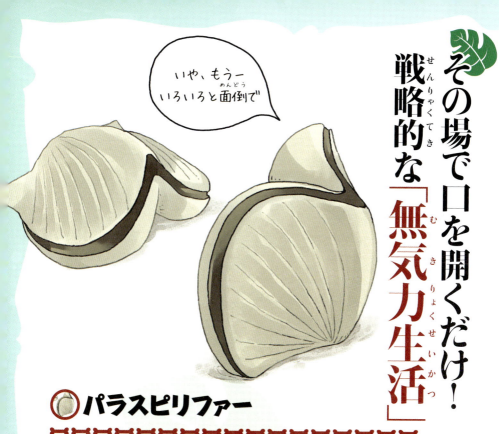

旅《たび》する不思議《ふしぎ》なウミユリ

セイロクリヌス

- **名前《なまえ》**：セイロクリヌス
- **全長《ぜんちょう》**：大《おお》きいものでは10m以上《いじょう》に成長《せいちょう》
- **生《い》きていた時代《じだい》**：中生代《ちゅうせいだい》ジュラ紀《き》
- **学名《がくめい》**：*Seirocrinus*
- **化石《かせき》の産地《さんち》**：アメリカ、カナダ、ドイツ
- **分類《ぶんるい》**：棘皮動物《きょくひどうぶつ》 ウミユリ類《るい》

集団《しゅうだん》で流木《りゅうぼく》にくっつきながら海《うみ》を旅《たび》していました。流木によっては、大集団《だいしゅうだん》が付着《ふちゃく》したこともあり、13mの長《なが》さの流木に約《やく》280個体《こたい》ものセイロクリヌスがついていた化石《かせき》も発見《はっけん》されています。

彼《かれ》らは流木に身《み》を寄《よ》せながら、プランクトンなどを食《た》べてどんどん大《おお》きくなります。流木には、ほかに二枚貝《にまいがい》などもくっついていきます。すると、いつか流木の浮力《ふりょく》をこえるほどの重《おも》さとなり、流木はセイロクリヌスたちごと沈《しず》んでしまいます。そうして、彼らの旅は終《お》わりを迎《むか》えます。

茎《くき》が弱《よわ》いセイロクリヌスは海底《かいてい》では自立《じりつ》できません。旅の終わりが彼らの〝人生《じんせい》〟の終焉《しゅうえん》だったのかもしれません。

ワクワクこぼれ噺《はなし》：流木に直接《ちょくせつ》ではなく、成体《せいたい》に付着していた幼体《ようたい》もいました。

水《みず》ごとエサを“吸《す》い込《こ》む”変《へん》なウミユリ

アンモニクリヌス

- **名前《なまえ》**：アンモニクリヌス
- **全長《ぜんちょう》**：10cm未満《みまん》
- **生《い》きていた時代《じだい》**：古生代《こせいだい》デボン紀《き》
- **学名《がくめい》**：*Ammonicrinus*
- **化石《かせき》の産地《さんち》**：ドイツ、ポーランド、フランス
- **分類《ぶんるい》**：棘皮動物《きょくひどうぶつ》 ウミユリ類《るい》

ウミユリ類《るい》の中《なか》では珍《めずら》しく海底に横《よこ》たわって暮《く》らしていました。茎の上部《じょうぶ》が幅広《はばひろ》になり、その断面《だんめん》が「凹《おう》」の字《じ》のようになって、萼《がく》と腕《うで》を巻《ま》き込《こ》んで丸《まる》くなっていました。

丸くなっている効果《こうか》は、私《わたし》たちもお風呂《ふろ》で疑似体験《ぎじたいけん》できます。拳《こぶし》を握《にぎ》ってグーをつくり、そのグーをきつくしたり、ゆるめたり、モギュモギュしてみましょう。すると、きつくしたときに拳の中から水《みず》が出《で》て、ゆるくしたときに拳の中に水が入《はい》ることがわかるでしょう。

アンモニクリヌスも同《おな》じです。丸みの部分《ぶぶん》をモギュモギュすることで、腕の中に巻き込まれた萼の表面《ひょうめん》にある口《くち》へと、水ごと有機物《ゆうきぶつ》を運《はこ》び込《こ》み、食べていたと考《かんが》えられています。

ワクワクこぼれ噺《はなし》：茎の凹構造《こうぞう》は、萼へ向《む》かう水流《すいりゅう》の“水路《すいろ》”だったようです。

激流《げきりゅう》にも耐《た》えられる！ こう見《み》えても二枚貝《にまいがい》です

ティタノサルコリテス

- 名前《なまえ》：ティタノサルコリテス
- 幅《はば》：1m以上《いじょう》
- 生《い》きていた時代《じだい》：中生代白亜紀《ちゅうせいだいはくあき》
- 学名《がくめい》：*Titanosarcolites*
- 化石《かせき》の産地《さんち》：ジャマイカ、アメリカ、メキシコほか
- 分類《ぶんるい》：軟体動物《なんたいどうぶつ》 二枚貝類《にまいがいるい》 厚歯二枚貝類《あつばにまいがいるい》

まるでバッファローのツノのような形《かたち》をしていますが、こう見《み》えても二枚貝《にまいがい》です。正確《せいかく》には、「厚歯二枚貝類《あつばにまいがいるい》」という絶滅《ぜつめつ》グループの一員《いちいん》です。左《ひだり》の殻《から》と右《みぎ》の殻がまるでツノのように長《なが》く伸《の》び、その先端《せんたん》は曲《ま》がっていました。専門家《せんもんか》は、この形《かたち》を「横臥《おうが》型《がた》」、あるいは「哺乳類《ほにゅうるい》のツノ型《がた》」と呼《よ》びます。

この独特《どくとく》の形《かたち》は、何《なん》の役《やく》に立《た》っていたのでしょうか？ おそらく、水《みず》の流《なが》れが激《はげ》しい海底《かいてい》に張《は》り付《つ》くように〝踏《ふ》ん張《ば》る〟ことに役立《やくだ》ったのではないかと考《かんが》えられています。

なお、厚歯二枚貝類は、ジュラ紀《き》から白亜紀後期《はくあきこうき》の温《あたた》かい海《うみ》で大繁栄《だいはんえい》したグループで、種《しゅ》によってはかなり大規模《だいきぼ》に密集《みっしゅう》して暮《く》らしていました。

ワクワクこぼれ噺《はなし》：中身《なかみ》は大《おお》きくなかったので、食《た》べ応《こた》えはなかったようです。

殻《から》が重《おも》すぎて泳《およ》げない？
でも防御力《ぼうぎょりょく》は最強《さいきょう》！

タカハシホタテ

- 名前《なまえ》：フォーティペクテン・タカハシイ
- 学名《がくめい》：*Fortipecten takahashii*
- 殻幅《からはば》：16cm
- 化石《かせき》の産地《さんち》：日本、ロシア
- 生《い》きていた時代《じだい》：新生代新第三紀《しんせいだいしんだいさんき》
- 分類《ぶんるい》：軟体動物《なんたいどうぶつ》 二枚貝類《にまいがいるい》

「タカハシホタテ」の通称《つうしょう》で知《し》られるホタテガイの仲間《なかま》です。ホタテガイは2枚《まい》の殻がともに薄《うす》く、平《ひら》たいつくりをしていますが、タカハシホタテの右殻《うかく》は大《おお》きく膨《ふく》らんでいて、しかも厚《あつ》く、重《おも》くなっていました。

ホタテガイは殻を開《あ》け閉《し》めすることで水流《すいりゅう》をつくりだし、泳《およ》ぐことができます。タカハシホタテも、幼《おさな》いときはそれができたようです。しかし、成長《せいちょう》するにつれて重くなり、泳げなくなったとみられています。天《てん》敵《てき》に狙《ねら》われたときに、「泳いで逃《に》げる」よりは、「殻を厚くして防御力《ぼうぎょりょく》を高《たか》める」ことを選《えら》んだ二枚貝なのです。それでも絶滅《ぜつめつ》してしまい、現《げん》在《ざい》では化石《かせき》でしか見《み》ることができません。

ワクワクこぼれ噺《はなし》：貝柱《かいばしら》は身《み》がしまっておらず、大味《おおあじ》だったとみられています。

死《し》後《ご》に宝石《ほうせき》をつくる巻貝《まきがい》ついたあだ名《な》は"月《つき》のうんち"

ビカリア

古生物《こせいぶつ》の中《なか》には、化石《かせき》になる際《さい》に〝宝石化《ほうせきか》〟したものがある。ビカリアはそうした例《れい》の1つで、死後《しご》にオパールや、瑪瑙《めのう》を残《のこ》す。

- **名前《なまえ》**：ビカリア
- **全長《ぜんちょう》**：10m
- **生《い》きていた時代《じだい》**：新生代古第三紀《しんせいだいこだいさんき》 ～新第三紀《しんだいさんき》
- **学名《がくめい》**：*Vicarya*
- **化石《かせき》の産地《さんち》**：日本《にほん》、インドネシア、パキスタンほか
- **分類《ぶんるい》**：軟体動物《なんたいどうぶつ》 腹足類《ふくそくるい》

いわゆる巻貝《まきがい》です。その殻《から》には、突起《とっき》が並《なら》んでいます。

現生《げんせい》の近縁種《きんえんしゅ》が、マングローブが生育《せいいく》する温暖《おんだん》な汽水域《きすいいき》に生息《せいそく》していることから、ビカリアも同《おな》じような生態《せいたい》をしていたとみられています。つまり、ビカリアの化石《かせき》を地層《ちそう》から見《み》つければ、現在《げんざい》の気候《きこう》に関係《かんけい》なく、当時《とうじ》のその場所《ばしょ》が温暖であったことがわかるという、学術上重要《がくじゅつじょうじゅうよう》な巻貝です。

しかし、ビカリアの知名度《ちめいど》を上《あ》げているのは、その学術性《がくじゅつせい》よりも〝特《とく》殊《しゅ》な化石〟にあります。岐阜県瑞浪《ぎふけんみずなみ》市《し》とその周辺《しゅうへん》から見つかるビカリアの化石は、殻の内部《ないぶ》に二酸化《にさんか》ケイ素《そ》などの化学成分《かがくせいぶん》が沈殿《ちんでん》して結晶《けっしょう》となり、瑪瑙《めのう》やオパールといった宝石《ほうせき》に

なっているのです。

しかも、殻自体《じたい》は溶《と》けてなくなっており、結果《けっか》として殻の内部の形《かたち》のまま、螺旋《らせん》を描《えが》く宝石の部分《ぶぶん》だけが残《のこ》されています。

殻の内部が瑪瑙化《か》、オパール化したことで残されたこの化石は、「月《つき》のおさがり」と呼《よ》ばれています。「おさがり」とは、「うんち」のこと。白《しろ》く輝《かがや》く化石の様子《ようす》から、月の排泄《はいせつ》物《ぶつ》に比喩《ひゆ》した呼《よ》び名《な》です。なんとも雅《みやび》ですね。

豆知識《まめちしき》

ビカリアのように、その化石を見つけることで、その生物《せいぶつ》が生《い》きていた当時の環《かん》境《きょう》を推測《すいそく》できる化石のことを、「示相化石《しそうかせき》」といいます。

ワクワクこぼれ噺《はなし》: 瑞浪市産《さん》の「月のおさがり」は、プロ・アマ問《と》わず人気《にんき》。

おわりに

そして、あなたの興味《きょうみ》も進化《しんか》する！

120種類《しゅるい》の古生物《こせいぶつ》を紹介《しょうかい》しました。いかがでしたか？　あなたの「推《お》し古生物」を見《み》つけることができたでしょうか？

〝わずか120種類〟ではありますが、生命《せいめい》のもつ多様性《たようせい》の一端《いったん》をお見《み》せできたのではないかと思《おも》います。

生命は、進化《しんか》の結果《けっか》として、さまざまな種《しゅ》を生《う》み出《だ》しました。アノマロカリスもティラノサウルスもケナガマンモスも、進化の結果として生まれたものです。

本書《ほんしょ》の最後《さいご》に、この「進化」という概念《がいねん》について、触《ふ》れておきたいと思います。

そもそも「進化」とは、どのようなものなのでしょうか？

簡単《かんたん》に言《い》えば、それはこういうものです。

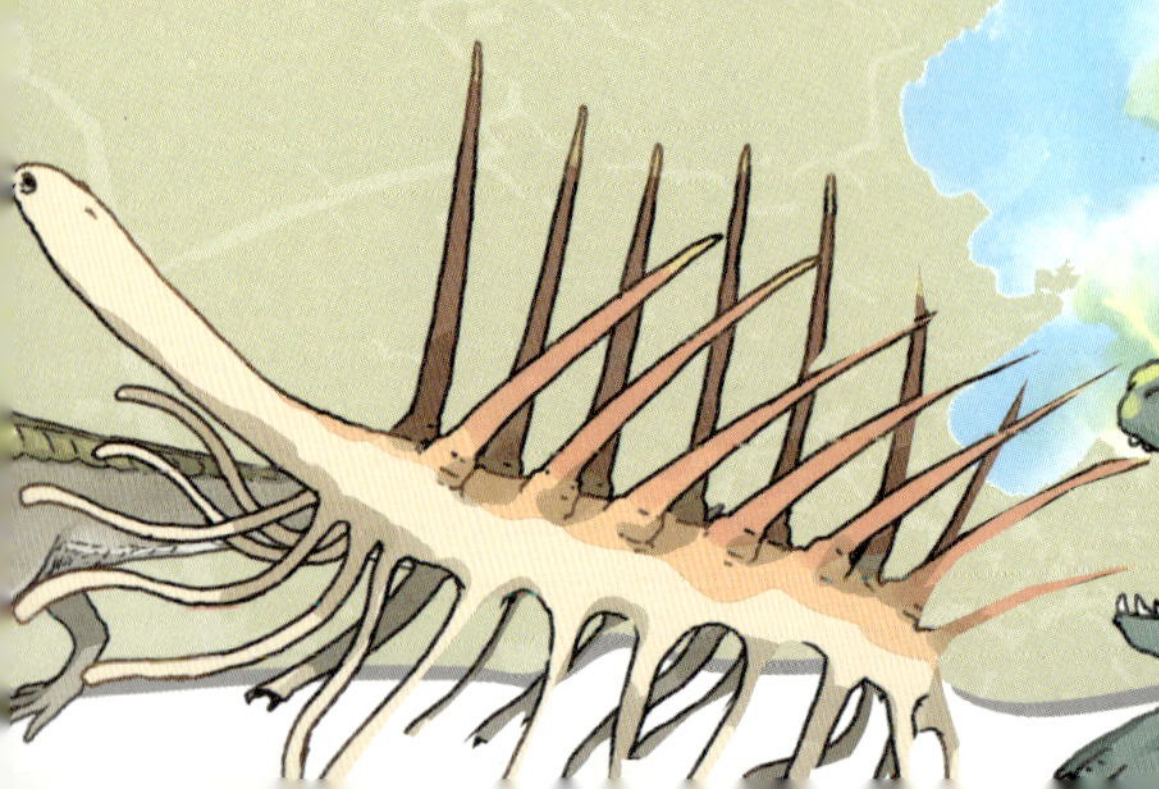

「変化《へんか》が世代《せだい》を超《こ》えて受《う》け継《つが》れていくこと」もっと簡単に言えば、「進化とは変化」です。そこにはポジティブな意味《いみ》も、ネガティブな意味もありません。ただ単純《たんじゅん》な「変化」なのです。

さまざまな変化が受け継がれることで、生命は多様化していき、「ちょっ！ なんで、こんな生《い》き物《もの》になったの！」とも思える愛《あい》すべき生物をたくさん生み出したのです。

生命の歴史世界《れきしせかい》は、広大《こうだい》にして深淵《しんえん》です。そこに棲《す》まう動植物《どうしょくぶつ》も実《じつ》に多種多様《たしゅたよう》。この本の次《つぎ》は、ぜひ、新《あら》たな本に手《て》を伸《の》ばし、博物《はくぶつ》館《かん》などを訪問《ほうもん》し、古生物のもつ魅力《みりょく》をさらに楽《たの》しまれてください。

土屋《つちや》　健《けん》

【参考資料】

もっと詳しく知りたい読者のために……

本書を執筆するにあたり、とくに参考にした主要な文献は次の通り。なお、年代値は、とくに断りのないかぎり、『International Commission on Stratigraphy, 2017/02, INTERNATIONAL STRATIGRAPHIC CHART』を使用している。

《一般書籍》

『エディアカラ紀・カンブリア紀の生物』監修：群馬県立自然史博物館，著：土屋 健，2013年刊行，技術評論社

『オルドビス紀・シルル紀の生物』監修：群馬県立自然史博物館，著：土屋 健，2013年刊行，技術評論社

『怪異古生物考』監修：荻野慎諧，著：土屋 健，2018年刊行，技術評論社

『海洋生命5億年史』監修：田中源吾，冨田武照，小西卓哉，田中嘉寛，著：土屋 健，2018年刊行，文藝春秋

『化石になりたい』監修：前田晴良，著：土屋 健，2018年刊行，技術評論社

『古生物たちのふしぎな世界』協力：田中源吾，著：土屋 健，2017年刊行，講談社

『古第三紀・新第三紀・第四紀の生物 上巻』監修：群馬県立自然史博物館，著：土屋 健，2016年刊行，技術評論社

『古第三紀・新第三紀・第四紀の生物 下巻』監修：群馬県立自然史博物館，著：土屋 健，2016年刊行，技術評論社

『三畳紀の生物』監修：群馬県立自然史博物館，著：土屋 健，2015年刊行，技術評論社

『ジュラ紀の生物』監修：群馬県立自然史博物館，著：土屋 健，2015年刊行，技術評論社

『小学館の図版NEO［新版］恐竜』監修：冨田幸光，小学館，2014年刊行

『新版 絶滅哺乳類図鑑』著：冨田幸光，伊藤丙男，岡本泰子，2011年刊行，丸善株式会社

『生命史図譜』監修：群馬県立自然史博物館，著：土屋 健，2017年刊行，技術評論社

『ティラノサウルスはすごい』監修：小林快次，著：土屋 健，2015年刊行，誠文堂新光社

『デボン紀の生物』監修：群馬県立自然史博物館，著：土屋 健，2014年刊行，技術評論社

『石炭紀・ペルム紀』監修：群馬県立自然史博物館，著：土屋 健，2014年刊行，技術評論社

『白亜紀の生物 上巻』監修：群馬県立自然史博物館，著：土屋 健，2015年刊行，技術評論社

『白亜紀の生物 下巻』監修：群馬県立自然史博物館，著：土屋 健，2015年刊行，技術評論社

『The Princeton Field Guide to Dinosaurs』著：Gregory S. Paul，2016刊行，Princeton Univ Pr.

《Webサイト》

The Burgess Shale, http://burgess-shale.rom.on.ca/

《学術論文》

Adam C. Pritchard et al. 2016, Extreme Modification of the Tetrapod Forelimb in a Triassic Diapsid Reptile, Current Biology 26

Akihiro Misaki et al. 2013, Commensal anomiid bivalves on Late Cretaceous heteromorph ammonites from south - west Japan, Palaeontology, Vol.57, Issure 1

Darla K. Zelenitsky et al. 2012, Feathered Non-Avian Dinosaurs from North America Provide Insight into Wing Origins, Science, Vol.338

David J Varricchio et al. 2007, First trace and body fossil evidence of a burrowing, denning. Proc. R. Soc. B., vol.274

Dennis F. A. E. Voeten et al. 2018, Wing bone geometry reveals active flight in *Archaeopteryx*. nature com., vol.9:923

Dieter Walossek, Klaus J. Müller, 1990, Upper Cambrian stem-lineage crustaceans and their bearing upon the monophyletic origin of Crustacea and the position of *Agnostus*, Lethaia, Vol.23

Donald M. Henderson, 2010, Pterosaur body mass estimates from three-dimensional mathematical slicing. Journal of Vertebrate Paleontology, vol.30:3

Eberhard Frey et al. 1997, Gliding Mechanism in the Late Permian Reptile *Coelurosauravus*, Science, Vol.275

Espen M. Knutsen et al. 2012, A new species of *Pliosaurus* (Sauropterygia: Plesiosauria) from the Middle Volgian of central Spitsbergen, Norway. Norwegian Journal of Geology, Vol.92

Farish A. Jenkins Jr et al. 2008, *Gerrothorax pulcherrimus* from the Upper Triassic Fleming Fjord Formation of East Greenland and a reassessment of head lifting in temnospondyl feeding, Journal of Vertebrate Paleontology, Vol.28, no.4

G. J. Dyke et al. 2016, Flight of *Sharovipteryx mirabilis*: the world's first delta-winged glider, THE AUTHORS, vol.19

Humberto G. Ferrón et al. 2018, Assessing metabolic constraints on the maximum body size of actinopterygians: locomotion energetics of *Leedsichthys problematicus* (Actinopterygii, Pachycormiformes). Palaeontology

Jean-Bernard Caron et al. 2006, A soft-bodied mollusk with radula from the Middle Cambrian Shale, nature, Vol.442

James F. Gillooly et al. 2006, Dinosaur Fossils Predict Body Temperatures, PLoS Biology, Vol.4, Issue 8

John A. Long et al. 2014, Copulation in antiarch placoderms and the origin of gnathostome internal fertilization, nature, Vol.517

José L. Carballido, 2017, A new giant titanosaur sheds light on body mass evolution among sauropod dinosaurs, Proc. R. Soc. B., Vol.284

K. D. Angielczyk, L. Schmitz, 2014, Nocturnality in synapsids predates the origin of mammals by over 100 million years, Proc. R. Soc. B., Vol.281

Katherine Long et al. 2017, Did saber-tooth kittens grow up musclebound? A study of postnatal limb bone allometry in felids from the Pleistocene of Rancho La Brea, PLoS ONE, 12(9)

Konami Ando, Shin-ichi Fujiwara, 2016, Farewell to life on land - thoracic strength as a new indicator to determine paleoecology in secondary aquatic mammals, J. Anat.

Long Cheng et al. 2014, A new marine reptile from the Triassic of China, with a highly specialized feeding adaptation, Naturwissenschaften

Mark P. Witton, Darren Naish, 2008, A Reappraisal of Azhdarchid Pterosaur Functional Morphology and Paleoecology, PLoS ONE 3(5)

Mark P. Witton, Michael B. Habib, 2010, On the Size and Flight Diversity of Giant Pterosaurs, the Use of Birds as Pterosaur Analogues and Comments on Pterosaur Flightlessness. PLoS ONE 5(11)

Markus Lambertz et al. 2016, A caseian point for the evolution of a diaphragm homologue among the earliest synapsids, Ann. N.Y. Acad. Sci

Martin R. Smith, Jean-Bernard Caron, 2015, ***Hallucigenia***'s head and the pharyngeal armature of early ecdysozoans, nature, Vol.523

Martina Stein et al. 2013, Long Bone Histology and Growth Patterns in Ankylosaurs: Implications for Life History and Evolution. PLoS ONE 8(7)

Lauren Sallan et al. 2017, The 'Tully Monster' is not a vertebrate: characters, convergence and taphonomy in Palaeozoic problematic animals, Palaeontology

Leif Tapanila et al. 2013, Jaws for a spiral-tooth whorl: CT images reveal novel adaptation and phylogeny in fossil ***Helicoprion***, Biol Lett., Vol.9

Li Chun et al, 2016, The earliest herbivorous marine reptile and its remarkable jaw apparatus, Sci. Adv., Vol.2

Olivier Lambert et al. 2010, The giant bite of a new raptorial sperm whale from the Miocene epoch of Peru. nature, Vol.466

Peter Van Roy et al. 2015, Anomalocaridid trunk limb homology revealed by a giant filter-feeder with paired flaps, nature, Vol.522

Philip G. Cox et al. 2015, Predicting bite force and cranial biomechanics in the largest fossil rodent using finite element analysis, J. Anat., Vol.226

Philip S. L. Anderson, Mark W Westneat, 2007, Feeding mechanics and bite force modelling of the skull of ***Dunkleosteus terrelli***, an ancient apex predator, Biol. Lett., Vol.3

Phil R. Bell et al. 2017, Tyrannosauroid integument reveals conflicting patterns of gigantism and feather evolution, Biol. Lett., Vol.13

Richard Forty, Brian Chatterton, 2003, A Devonian Trilobite with an Eyeshade, Science, Vol.301

Sebastián Apesteguía, Hussam Zaher, 2006, A Cretaceous terrestrial snake with robust hindlimbs and a sacrum, nature, Vol.440

Shi-Qi Wang et al, 2016, Morphological and ecological diversity of Amebelodontidae (Proboscidea, Mammalia) revealed by a Miocene fossil accumulation of an upper-tuskless proboscidean, Journal of Systematic Palaeontology

Shoji Hayashi et al. 2013, Bone Inner Structure Suggests Increasing Aquatic Adaptations in Desmostylia (Mammalia, Afrotheria), PLoS ONE 8(4)

Takuya Konishi et al. 2016, A new halisaurine mosasaur (Squamata: Halisaurinae) from Japan: the first record in the western Pacific realm and the first documented insights into binocular vision in mosasaurs, Journal of Systematic Palaeontology

Tamaki Sato et al. 2006, A new elasmosaurid plesiosaur from the Upper Cretaceous of Fukushima, Japan, Palaeontology, Vol.49

Tyler R. Lyson et al. 2016, Fossorial Origin of the Turtle Shell, Current Biology, Vol.26

Victoria E. McCoy et al. 2016, The 'Tully monster' is a vertebrate, nature, Vol.532

W. Scott Persons IV, John Acorn, 2017, A Sea Scorpion's Strike: New Evidence of Extreme Lateral Flexibility in the Opisthosoma of Eurypterids, the american naturalist, Vol.190, no.1

Xing Xu et al. 2012, A gigantic feathered dinosaur from the Lower Cretaceous of China. nature, Vol.484

Yuta Shiino et al. 2012, Swimming capability of the remopleuridid trilobite ***Hypodicranotus striatus***: Hydrodynamic functions of the exoskeleton and the long,forked hypostome, Journal of Theoretical Biology, Vol.300

【編集後記】

どうしても一言いいたくて……

本書は当初、恐竜の本として企画を持ち込みましたが、土屋さんとお会いした際に、「恐竜だけではなく古生物のすべてが魅力的」というお話を聞いて、徐々に企画内容が〝進化〟していき、最終的にこの形にたどり着きました。

幼少期は恐竜にどっぷりハマったクチでしたので、掲載する古生物の選定にはうるさいぞ! と思っていましたが、いざ、ふたを開けてみると、未知の古生物だらけで、まったく役に立たず……(苦笑)。むしろ、原稿やイラストがあがってくるたびに、ただただ驚かされ、感嘆し、そして、彼らの魅力の虜となっていきました。

印象的だったのは、土屋さんをはじめ、監修の芝原さん、イラストの徳川さん、皆が一様に古生物たちのことを、「このコ」と愛をもって呼んでいたことです。「このコはどうしても掲載したい」、「ああ、このコも捨てがたいんですよね」など(笑)、好きなアイドルを語り合う思春期男子のような会話がとても愛らしく、かつ、同時に、それだけ古生物には人を魅きつける何かがあるのだということを感じました。

ちなみに、私の〝推し〟は、「ティタノサルコリテス」(P152)です。ハルキゲニアもアノマロカリスもたまりませんが、こんなイカつい風貌なのに〝貝〟という事実に、やられました。中身、食べてみたい……って、話長すぎか! というふうに、古生物の魅力にとりつかれると、古生物トークが止まらなくなる傾向にあるようです。

本書を手に取っていただいた方々にもぜひ、土屋さんの言う、〝推し古生物〟たちを見つけていただき、「このコもいい」「あのコもいい」と、古生物談義に花を咲かせてもらえればうれしいです(伊勢)。

制作	株式会社伊勢出版
著者	土屋 健
監修	芝原暁彦
編集	伊勢新九朗
イラスト	ACTOW (徳川広和・山本彩乃)
デザイン	若狭陽一
DTP	加藤祐生

ああ、愛しき古生物たち
〜無念にも滅びてしまった彼ら〜

発行日	2018年10月14日　初版発行
発行人	笠倉伸夫
編集人	新居美由紀
発行所	株式会社笠倉出版社
	〒110-8625
	東京都台東区東上野2-8-7 笠倉ビル
	営業 ☎0120-984-164
	編集 ☎03-5846-3456
印刷・製本	株式会社光邦

ISBN 978-4-7730-8923-3

【著者】

土屋 健(サイエンスライター/オフィス ジオパレオント代表)

埼玉県生まれ。金沢大学大学院自然科学研究科で修士号を取得(専門は地質学、古生物学)。その後、科学雑誌『Newton』の編集記者、部長代理を経て独立、現職。近著に『化石になりたい』『リアルサイズ古生物図鑑 古生代編』(ともに技術評論社)、『海洋生命5億年史』(文藝春秋)など。ほかに、本書と同じ監修者・イラストレーターで組んだ著作として、『世界の恐竜MAP 驚異の古生物をさがせ!』(エクスナレッジ)がある。

【監修】

芝原暁彦(古生物学者/理学博士)

福井県生まれ。筑波大学大学院で博士号を取得(専門は微化石学、古環境学)。その後、つくば市の産業技術総合研究所(産総研)で化石標本の3D計測やVR展示などの研究開発を行なった。2016年に産総研発ベンチャー「地球科学可視化技術研究所」を設立し所長に就任。また東京地学協会、日本地図学会の各委員を務める。主な著書に、『化石観察入門』(誠文堂新光社)、『恐竜と化石が教えてくれる世界の成り立ち』(実業之日本社)ほか。

【イラスト】

ACTOW(徳川広和・山本彩乃)

古生物をテーマとした造形作品・イラスト等の製作、博物館展示物やミュージアムグッズ作成協力、ワークショップ企画などを手掛ける。
[http://actow.jp/]